良渚文化村

田园城市的中国当代实践

万科企业股份有限公司 《时代建筑》杂志 编著

支文军 徐洁 主编

中信出版集团 | 北京

图书在版编目（CIP）数据

良渚文化村 : 田园城市的中国当代实践 / 万科企业
股份有限公司, 《时代建筑》杂志编著 ; 支文军, 徐洁
主编. -- 北京 : 中信出版社, 2019.12
ISBN 978-7-5217-1260-5

Ⅰ. ①良… Ⅱ. ①万… ②时… ③支… ④徐… Ⅲ.
①良渚文化－城市规划－研究－杭州 Ⅳ.
①TU984.255.1

中国版本图书馆CIP数据核字（2019）第273056号

良渚文化村——田园城市的中国当代实践

编　　著：万科企业股份有限公司　《时代建筑》杂志
主　　编：支文军　徐洁
出版发行：中信出版集团股份有限公司
　　　　　（北京市朝阳区惠新东街甲4号富盛大厦2座　邮编　100029）
承 印 者：鸿博昊天科技有限公司

开　　本：889mm×1194mm　1/16　　　印　　张：13.75　　　字　　数：321千字
版　　次：2019年12月第1版　　　　　印　　次：2019年12月第1次印刷
广告经营许可证：京朝工商广字第8087号
书　　号：ISBN 978-7-5217-1260-5
定　　价：98.00元

目 录

竹径茶语　P046

白鹭郡东　P050

郡西澜山　P060

郡西云台　P064

劝学荟　P068

大溪谷　P072

劝学公园　P102

矿坑公园　P106

良渚君澜度假酒店　P120

杭州安吉路良渚实验学校　P130

随园嘉树长者社区　P139

良渚博物院　P152

作品地图

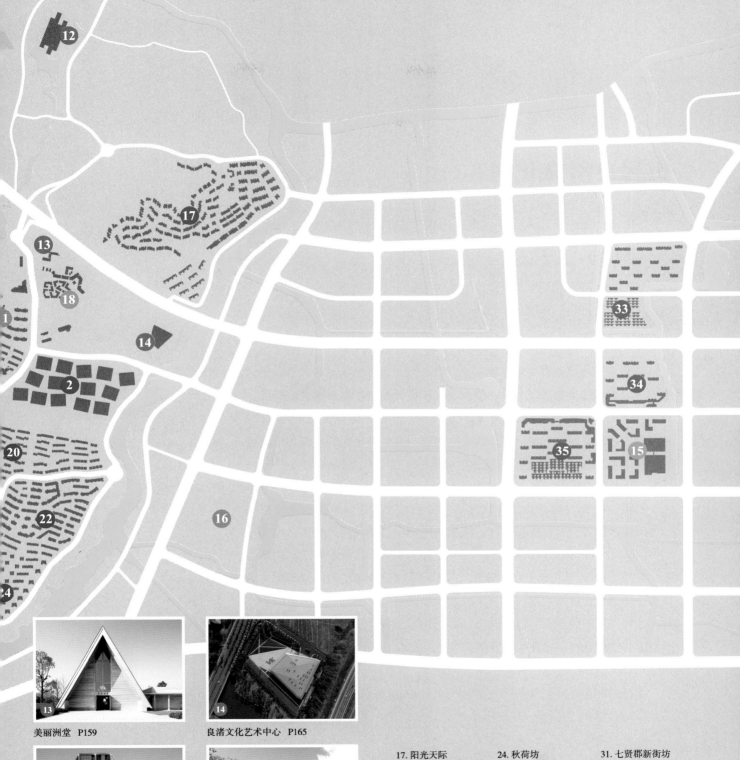

美丽洲堂　P159

良渚文化艺术中心　P165

未来之光　P179

中国美院良渚校区　P182

想起良渚文化村

安藤忠雄

良渚是一片沉睡着中华千年古文明的土地。也许是其文脉之绵长使然吧，当来到这个村落时，我感受到了一种在其他城市不曾感受到的优秀的文化韵味。这是从人类始祖时代便开始培育起来的创造力的感性，并非因为它是我们过去的遗产，而是因为它一直活在当代的你我每一天的生活中。所以，文人们多欣然往之，选择栖居于此，在这片风景中，再次开始新的创造。

在良渚文化村设计良渚文化艺术中心，对作为建筑师的我来说是一种荣誉，同时也是很大的挑战。最大程度地去激活场所的个性，创造"只有在这里才能做出来的建筑"，面对这样的主题，我的策略是，在良渚天空下创造一个开阔延伸的屋顶，再将美术馆、剧场、图书馆等文化功能空间统合在这座大屋顶建筑下。在大屋顶所营造出的空间的流动性里，性格各异的功能空间缓缓结合，由内及外，从建筑到水景，再到河岸边美丽的樱花林，空间无限延展。这一灵感源自我们东方庭园中借景和缘侧（室内外空间相结合的区域）的概念。

在良渚文化村，创新的开发活动还在继续进行，它现在仍在不断成长。而闭目想象 50 年后、100 年后这里将呈现出一幅怎样的风景，成为我现在的快乐之一。

安藤忠雄 1941 年出生于日本大阪。自学建筑，1969 年成立安藤忠雄建筑研究所。代表作有光之教堂、地中美术馆、Punta della Dogana（威尼斯旧海关大楼改造的艺术博物馆）、上海保利大剧院等。曾经荣获 1995 年普利兹克奖、2002 年 AIA（美国建筑师协会）金奖等多项国际大奖，并在世界知名艺术机构多次举办个展，包括纽约近代美术馆（1991 年）、巴黎蓬皮杜艺术中心（1993 年、2018 年）、日本国立新美术馆（2017 年）等。历任耶鲁大学、哥伦比亚大学、哈佛大学客座教授。1997 年开始担任东京大学教授，现为东京大学名誉教授。

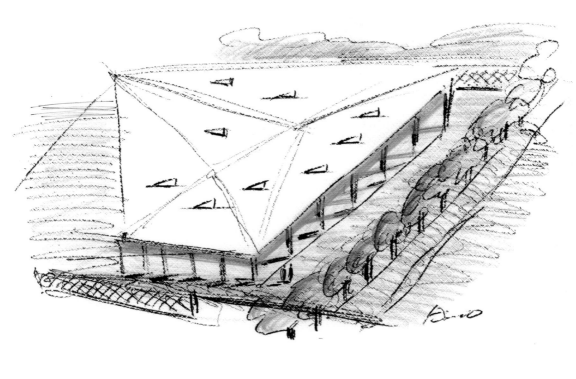

良渚文化艺术中心设计手稿©安藤忠雄建筑研究所

播种理想生活

王　石

　　在万科的所有项目中，良渚文化村或许是我谈论最多、造访最频繁的。有一段时间，只要到杭州，我必去良渚文化村。第一天在西湖划完赛艇，住在良渚君澜，第二天一早去村民食堂，吃大饼、油条和豆浆。每次到访都能发现一些美妙的变化——良渚食街、村民食堂、《村民公约》、村民图书馆、垃圾分拣站、美丽洲堂、良渚文化艺术中心……我看着大师的作品在这里破土，健康的社区文化在这里生长。我们不仅建设了理想的环境，也播种了一种理想的生活。

　　良渚文化村的成功在于天时、地利、人和。

　　良渚有着深厚的历史底蕴，优美的自然环境。前瞻性的规划设计和充满田园情怀的开发理念，使得这里就像一个世外桃源。文化村的业主往往以良渚文化村为豪，这是孕育《村民公约》的土壤。

　　经过十几年深耕，我们提供了高品质的物质环境和完善的生活配套服务。在这个过程中也充分展现了企业理念——把我们的价值观融入最基本的衣食住行服务中。

　　良渚给我印象很深刻的是这样几件事。

　　第一是《村民公约》。《村民公约》的发布说明这里已经脱离了发展商的主导，由村民自发作为主体实践社区自治自理，这在当代中国是有开创性的。我们曾经有乡村自治的历史传统，但后来中断了，而随着城市发展建立起来的新型社区也使单纯的行政管理机制不再适用，需要寻找新的形式。良渚的《村民公约》在某种意义上复兴了历史上乡镇自治的人文传统，它的发布还在第一时间引起了中国社会科学院人口所的关注——良渚文化村的自治模式可以为中国未来社会基层组织的管理提供

王石　1951 年出生于中国广西柳州。1984 年创建万科，现任万科企业股份有限公司名誉董事会主席。

王石致力于践行企业社会责任，创建并领导了多个具有影响力的公益组织和社会团体，也在世界著名商学院开设有关企业可持续发展、商业伦理的课程。

作为运动家，王石保持着国内登顶珠峰的最年长纪录，也是全球完成"7 + 2"（攀登世界七大洲最高峰，穿越南极、北极）的第十一人。他曾担任中国登山协会副主席、中国赛艇协会副主席，2018 年被授予亚洲赛艇联合会终身名誉主席。

文化村文化内涵丰富，环设施境优美，多功能融合，生活方式多样，营造了充满活力的氛围，创造了充分的就业机会。而同时保持的，则是田园小镇所特有的宜人尺度和生活气息。

新一代的霍华德式的愿景，将体现于艺术与技术创新力的融合，将混合并融入一种新的社会。其成果，恰恰又在呈现着霍华德未曾完全实现的理想："我担保，表明在'城镇–乡村'中，比在任何拥挤的城市中，怎样可以享受不但同等甚至更好的社会交流的机会，与此同时，自然的美景仍然可以围绕和拥抱每个身居其中的居民；更高的工资与减少的租金和费用如何不矛盾；如何可以确保所有人的充足的就业机会和光明的发展前景；资本可以如何被吸引，财富可以如何被创造；最令人惊叹的卫生条件如何得到保证；过量的雨水、农民的绝望，如何可被利用来产生电灯照明和驱动机器；空气可以如何避开烟雾保持清洁；美丽的家和田园如何可以在每一双手中出现；自由的限度可以如何被拓宽；还有，协力合作的所有最好的结果可以如何被一个快乐的人类收获。"①

---

① 彼得·霍尔，科林·沃德著. 社会城市——埃比尼泽·霍华德的遗产 [M]. 黄怡，译. 北京：中国建筑工业出版社，2009: 19.

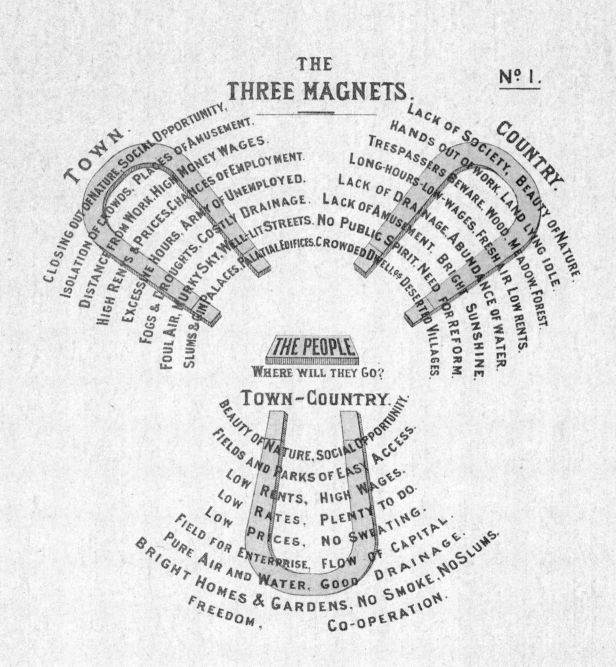

三磁铁图，来源：埃比尼泽·霍华德《明日：一条通往真正改革的和平道路》（1898）

01 田园城市乌托邦

一张没有包含乌托邦的世界地图，连一眼都不值得看，因为这么一幅地图遗漏了人类总是会登陆的那片土地。人类在那里登陆之后，就会向外展望，一旦看到更好的土地，就会扬帆出海。进步就是乌托邦的实现。

——王尔德《社会主义制度下人的灵魂》

霍华德与田园城市

霍华德和他的时代

田园城市学说的提出者埃比尼泽·霍华德出生在一个伦敦下层中产阶级家庭。他成长的时代是一个激进躁动的时代，工业革命之后英国社会从农业经济时代进入工业经济时代，大量农村劳动力涌入伦敦这样的大城市寻找工作机会，但是城市的基础设施和住房无法应对快速增加的人口，很快出现了贫民窟、环境污染与大量社会问题。与此同时，乡村也面临衰败与农业危机。霍华德15岁辍学就业，作为城市职员大军中的一员在证券交易所、律师事务所谋生，因而他对当时伦敦的"城市病"与各种社会危机有着切身体会。作为基督徒，霍华德在教堂听布道的过程中自学了速记，并受到牧师赏识，作为其助手开启了速记生涯，在教会活动中接触到了宗教改革派的主张，这些经历是其日后田园城市学说的重要思想来源之一。

21岁那年，霍华德和朋友结伴前往美国，尝试经营农场，但是没有成功。翌年，霍华德只身前往大城市芝加哥。他在一家速记公司参与报道芝加哥法院的工作，同时也在朋友的影响下开始广泛阅读，包括阅读托马斯·潘恩的《理性的世纪》（*Age of Reason*）和本杰明·沃德·理查森的《希格亚——健康之城》。作为芝加哥居民，他目睹了这座城市在大火之后的伟大重建，而在前摩天大楼的时代里，芝加哥以花园城市著称。这段经历开启了他对城市规划的构想。

1876年霍华德回到英国，就职于一家速记公司，主要工作是报道议会辩论和政治活动。历时5年的美国之行开阔了他的眼界，而速记工作使他近距离接触政要，亲历公共政策的辩论过程，从而在较深层次上理解了各种社会问题及其背后的复杂关系，这也使他的思考与写作充满了社会责任感。

霍华德从1893年开始利用业余时间撰写书稿（这是他唯一的著作），书中生动描绘了维多利亚时代英国大城市的弊病与乡村的衰落，提出了有别于城市或乡村的新范式——田园城市，并希望借由建设一系列新城而形成区域性的"社会城市"（social city），疏散大城市人口，重组城市结构，最终实现和平渐进地改良英国社会的理想。霍华德从各实务层面分析其可行性与可能性，提出了像伦敦这样的超大城市向田园城市群转变的策略与路径，由此构建了一部完整的思想纲领与行动手册。

　　田园城市的构想并非凭空而来，在变革的时代，许多有识之士提出了社会与政治改良的见解，霍华德的著作第十章"各种主张的巧妙组合"列举了田园城市的思想来源，其中包括空想社会主义、宗教改革与新教主导的社会改良运动等。霍华德的每一个思想都有更早的原型：勒杜、欧文、潘伯顿、克鲁泡特金都曾提出过由农业绿带环绕的、人口有限的城镇设想。圣西门和傅立叶也曾提出过将城市作为区域综合体的设想，马歇尔与克鲁泡特金看到了技术发展对工业区位造成的影响。美国空想社会主义者贝拉米的乌托邦小说《回望》（*Looking Backward*）启发了霍华德。从更广泛的角度来看，霍华德也很可能受到了 19 世纪末 20 世纪初在知识分子中间风行一时的"回归土地运动"的影响。

"田园城市"学说的提出

　　霍华德撰写的书稿起初定名为《万能钥匙》（*The Master Key*），霍华德亲自绘制了插图，然而在初次投稿时遭到了出版商的婉拒。1898 年，这本书以《明日：一条通往真正改革的和平道路》（*To-Morrow: A Peaceful Path to Real Reform*）为名第一次出版，完整提出了田园城市构想，但是反响平平。1899 年，霍华德利用他在政界、协会与教会的广阔人脉组建了"田园城市学会"。在学会的建议和助推之下，1902 年，经过缩减的第二版书稿改名为《明日的田园城市》（*Garden Cities of To-Morrow*）再度发行并

GARDEN CITIES
OF
TO-MORROW

(BEING THE SECOND EDITION OF "TO-MORROW: A PEACEFUL PATH TO REAL REFORM")

BY

EBENEZER HOWARD

" New occasions teach new duties ;
Time makes ancient good uncouth ;
They must upward still, and onward,
Who would keep abreast of Truth.
Lo, before us, gleam her camp-fires !
We ourselves must Pilgrims be,
Launch our ' Mayflower,' and steer boldly
Through the desperate winter sea,
Nor attempt the Future's portal
With the Past's blood-rusted key."
—" The Present Crisis."—J. R. Lowell.

LONDON
SWAN SONNENSCHEIN & CO., LTD.
PATERNOSTER SQUARE
1902

1902 年版《明日的田园城市》（埃比尼泽·霍华德）

大获成功。"后者也许更令人瞩目，但是它使人们从文字真正的激进之处转移视线，将他从社会远见者降格为物质性规划师。"[1] 无论如何，霍华德的主张争取到了广泛的社会支持，不久之后，田园城市公司成立，并在伦敦郊外购置土地，开始了田园城市的建设实践。

　　针对维多利亚时代英国大城市的弊端，田园城市理论倡导一种社会改革思想：用城乡一体的新社会结构形态取代城乡分离的旧社会结构形态。其中

① 彼得·霍尔，明日之城：1880 年以来城市规划与设计的思想史 [M]. 童明，译．上海：同济大学出版社，2017: 83.

最著名的图解要数"三磁铁图"。

"城市磁铁的优点是工资高、就业机会多、前途诱人，但是这些都被高地租、高物价大大抵消。城市的社交机会和游乐场所是富有魅力的，但是工作时间长、上班距离过远和相互隔阂大大降低了这些优点的价值。灯光如昼的街道是令人向往的，尤其是在冬季，但是阳光日益昏暗，空气被严重污染，以致漂亮的公共建筑很快布满煤烟，变得像麻雀一样，甚至雕像也被毁坏殆尽。壮丽的大厦和凄惨的贫民窟是现代城市相辅相成的怪现象。

"乡村磁铁自称是一切美丽与财富的源泉；但是城市磁铁嘲笑地指出，它因缺乏社交而孤陋寡闻，因身无分文而寒酸拮据。乡村有美丽的景色、高雅的园林、馥郁的林木、清新的空气和潺潺的流水；但是到处可见'擅入必究'的公示牌令人瞠目结舌。按面积计算，地租确实很低，但是这种低地租是低工资的自然产物，而不是物质享受的源泉；长时间的劳累和苦闷抑制了和煦的阳光和清新的空气沁人心脾的作用。单纯以农为主，难保风调雨顺，有时苦于涝灾，有时惨遭旱情，甚至饮水也供应不足。乡村的有益身心的自然特色因排水等卫生条件不佳而大为逊色。因而，有些地方几乎被人们遗弃，其余的地方人们又挤作一团，犹如城市的贫民窟。"

位于图片正中间的大哉问"人们何去何从"反映了作者的立场。霍华德对此提出了"城乡综合体"这一既不同于城市也不同于乡村的新型范式，范式背后是社会结构变革的构想。城乡联姻兼具城市与乡村的优点，又回避了缺点。

"如何逆转人口向城市迁移的潮流，并使他们返回故土"是霍华德志在解决的问题。田园城市设想将数量可观的人口及就业岗位输出到全新的、自给自足的开阔乡村地区的众多新城中去，从而避免产生城市贫民窟、污染和地价飙升。距离霍华德的时代已有100多年，然而他在书中对城乡关系的描述和今日何其相似，他提出的问题直至今天依然富有现实意义。

田园城市在霍华德的图解中被画成扇形，这意味着它是一个整体的局部。值得一提的是，霍华德并不是建筑师或工程师（在他的时代尚不存在"城市规划师"这一职业），具体的物质环境设计并非他所长，因而对田园城市的解读不宜拘泥于图解呈现的几何形态而忽视其理论精髓。

霍华德在书中不仅描绘了田园城市的图景，还详细探讨了田园城市的操作模式、财务来源、管理方式和组织架构。

用贷款的方法低价购得土地（6000英亩[①]土地），购地的钱来自发放抵押债券，债券持有人是保证人，也是托管人。（这6000英亩土地中，1000英亩是城市中心区，周围5000英亩为农业用地，田园城市的总人口是3.2万，其中农业人口0.2万，城市人口3万。）运营的资金来自土地租税，托管人在支付利息和偿债基金后，要维持新市和中央议会的收支平衡，而议会用这笔钱维护道路、学校、公园等各种必要的公共设施。贷款本息付清后，税租就可全部用于市政建设和社会福利。

在城市经营管理方面，允许产业发展竞争；公共事业（供水、照明、电话通信等）不采取刻板或绝对垄断的方式；城市四周分布着各种慈善机构，不归市政当局管理，而是由各种热心公益的人来维持和管理。

按照这种构想，在田园城市中职工能取得有较高购买力的工资，生活在较有益于健康的环境中，并

---

① 1英亩≈4046.86平方米。——编者注

- 规划理念与城市形态：居住邻里单元镶嵌在乡村山水之中；用景观大道把邻里单元与公共服务设施相连；设置城市中央广场和公园，建设城市配套服务设施；用步行系统串联邻里单元与服务中心；围绕城市的环形铁路有侧线与通过该城市的铁路干线相连（现在是由公路系统与地铁相连）；城市垃圾用于当地农业，农业的种类与经营方式可以探索；留白的规划可避免经营上的停滞，鼓励创新与合作。
- 产业计划：为居住在这里的从业人员提供新的、较好的就业保证手段；为已在这块土地上耕作的农民开辟就近的产品市场。
- 市政管理：以民间集体的自愿合作和社会自治的方式，避免刻板和垄断。

……

以上共同点并非巧合，因为从某种意义上来说，田园城市是现代城市规划的原型，它建构了城市规划学科的价值体系和基本观点，并沿着以下几条线索发展深化：一是基于将乡村优美环境引入城市和适应人口密集生活的需要，从田园城市的中央公园和林荫大道，发展到后来城市公园和公园体系（城市公共绿地系统）的搭建；二是从满足城市社会交往、减少社会隔阂出发，从田园城市中的公共设施集中布局，发展到后来各类社会性公共设施体系的布局及城市公共空间的体系化和营造；三是满足城市居民日常生活居住要求的住区组织模式，从田园城市的居住地带发展到后来的邻里单位、超级街坊、居住小区的布局模式等；四是对有关各类城市空间结构模式的探讨，从早期田园城市的郊区建设，到紧凑城市及许多所谓的空想城市模式，甚至从某种角度讲，城市环境保护、建设生态城市等也都是这种追求的不同方面。尽管其中的许多生产生活条件、技术手段及思想观念等发生了巨大变化，但追求更好的城市环境的目标并未改变，而且将始终引导城市规划和城市建设的进一步发展。[①]

良渚文化村在当代中国城郊大型复合住区开发（以及新兴城镇化建设）的谱系中，无疑是一个独特而值得研究的案例，它富有理想主义色彩，也在现实中获得成功。从中我们看到霍华德的田园城市理想与中国人文传统的契合，以及以此为原点对当今现实问题的创造性回应。从优越的地理条件到理想主义的前期规划，从物质环境营造到精神文明建设，从土地开发到永续经营，从单一新镇建设到区域联动发展……良渚文化村为城市建设的很多方面都提供了宝贵的经验。

城市规划学科在本质上具有科学和乌托邦的双重属性，[②]霍华德的"田园城市"是20世纪的现代城市乌托邦思想和实践的主要代表。城市乌托邦始终伴随着现实城市，又与现实保持着适当的距离。它立足于对现实城市的批判性、对未来发展的指向性，维持着城市规划中的价值理性。

当代中国城市规划与城市建设普遍体现了乌托邦精神的缺失与理想的异化，这也是良渚文化村不同凡响之处。本书希望通过对良渚文化村案例的梳理和研究，探讨其中的普遍性经验，同时，呼吁一种不被当下的功利性所操纵的乌托邦精神，平衡城市规划的价值理性和工具理性，探讨城市和区域长远发展的制度建设。

① 孙施文. 田园城市思想及其传承 [J]. 时代建筑, 2011（5）: 18-23.
② 王耀武. 西方城市乌托邦思想与实践研究 [M]. 北京：中国建筑工业出版社, 2012.

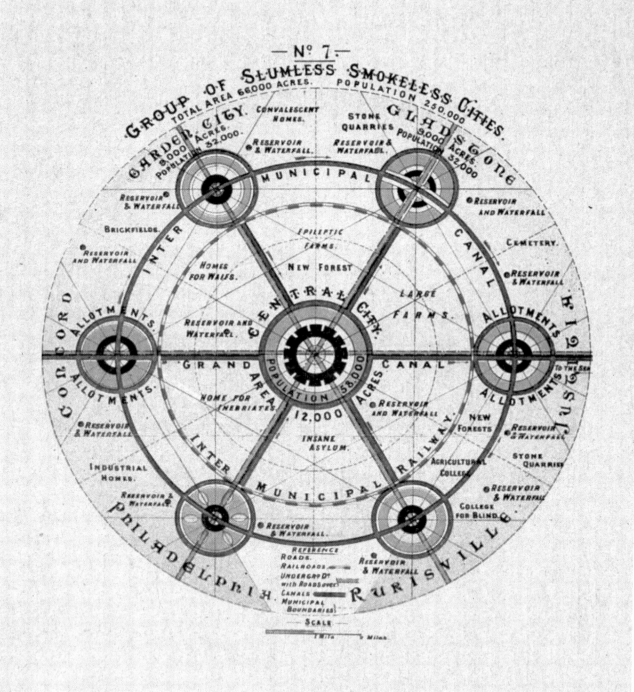

没有贫民窟和烟尘污染的城市群（社会城市），来源：埃比尼泽·霍华德《明日：一条通往真正改革的和平道路》（1898）

02 规划理念解读

建立一个展示并传播良渚文明的文化旅游胜地，一个充分利用现有丰富生态资源的生态旅游胜地，一个和自然和谐共处、有机生长的最佳居住地。

——《良渚文化村总体概念规划》（2003）

规划理念解读：田园城市的中国试验

城市区位与发展格局

杭州市发展新格局的重要组成

2000 年 10 月，浙江南都房产集团公司与余杭市人民政府签订了良渚文化村项目的合作开发协议书。2001 年 3 月，国务院批准将萧山、余杭两市"撤市设区"，并入杭州市。同年 4 月，为了适应行政区划的调整，并推动杭州从"西湖时代"迈向"钱塘江时代"，杭州市开始了新一轮的城市总体规划编制工作，后出台了《杭州市城市总体规划（2001—2020 年）》。该规划提出了"一主三副、双心双轴、六大组团、六条生态带"的城市结构主张，并冀望最终形成"东动、西静、南新、北秀、中兴"的城市新格局。

良渚文化村所在的良渚组团为六大组团之一，处于"北秀"的核心，具有极其重要的战略地位。从杭州市规划设计研究院主持编制的《杭州市总体规划》《良渚组团总体规划》《良渚文化村修建性详细规划》三个层面的规划蓝图中可以看出，良渚文化村的开发是顺应、融合在杭州城市西进和建设国际化大都市的发展格局之中的。

优越的原生自然环境

良渚文化村位于杭州西北，距离市中心约 20 公里。整个项目占地约 10000 亩，其中 5000 亩为建设用地，5000 亩是原生态的自然山林。整体环境依山傍水，分布着 25 座山、5 个湖泊及 1 条河流。村落整体沿山麓、水系绵延分布，西北为大雄山，东南为良渚港。优越的生态条件也赋予了该地块丰富的植被形态。大雄山及周边村庄仍有多处原始生态群落，山林植被苍郁，栖息有白鹭等多种野生动物。另外，地块内水库、河渠较多，田园风光显著，还有大观山果园、茶园、竹林等特色林区。

五千年良渚文明遗址

良渚文明是中国新石器时代长江流域最重要的考古学发现之一，距今约 5300 至 4300 年，遗址分布远及环太湖流域，即现在的浙江省、江苏省、上海市等，发掘遗址 300 余处。而依照考古惯例，良渚文化因 1935 年遗址首先发现于良渚镇而得名，良渚文化遗址也因其所展示的精湛的玉器雕刻和以玉器所表征的精神文化，世界上最早的大规模犁耕稻作农业，大型营建工程及其社会组织体系，黑陶和丝绸等高度发达的手工业，成为实证中华五千年文明史的最具规模和水平的地区之一，被誉为"东方文明圣地""文明曙光"。

良渚文化村紧邻良渚镇，处于良渚遗址保护范围缓冲区南侧，与当时规划建设的良渚遗址国家公园（已于 2019 年开园）相互补充。文化村周边云集了余杭径山、东明山、超山等一批文化气质浓厚的旅游风景区，同时也通过杭州绕城公路与杭州的西溪文化旅游区、龙坞风景区、西湖风景区、之江国家旅游度假区等连成整体，与杭州旅游西进的发展方向一致。良渚文化村的开发将有助于余杭乃至杭州西北部旅游从传统观光、考察型旅游向集现代观光、度假、考察、娱乐等为一体的综合旅游区发展，亦是杭州"三面云山一面城"格局的重要组成部分之一。

便利的交通可达性

良渚文化村处于杭州绕城高速公路与 104 国道交叉口及杭宁、沪杭高速公路出入口附近，是长江三角洲交通网的主节点，随着 2018 年杭州地铁 2 号线良渚站建成通车，公共交通可达性极强。良渚的区位既是杭州放射快速路上的轴线增长极，又通过绕城公路与杭州西部旅游区、萧山、下沙等城市分区连成整体。依托其资源特色与区位特点，良渚文化村作为杭州近郊旅游与新镇建设的重点项目，有可观的发展前景。

良渚文化村规划解读

良渚文化村的概念性整体规划由加拿大温哥华

CIVITAS 城市规划设计事务所（以下简称 CIVITAS）完成，其与浙江省规划院、杭州市规划设计研究院合作完成了总体规划、控制性详细规划和修建性详细规划的三级规划文件的汇编落地。良渚文化村的规划概念承袭了田园城市理论，也表达了中国人文传统中的田园理想，试图建立一种新的城镇生活范式，是寻求解决 21 世纪"城市病"的一次有益探索。

发展定位：与杭州都市新文化接轨

杭州市曾经提出"住在杭州，游在杭州，学在杭州，创业在杭州"的城市品牌发展战略，随着行政区划的调整，城市发展也更有可能向近郊扩展。同时，"三面云山一面城"的杭州城市景观格局和旅游资源正作为旅游西进的重点而不断趋向纵深开发。新杭州都市文化是良渚文化村开发的接轨与结合方向，因此该项目的基本定位是杭州市近郊以文化、生态和休闲旅游为特色的小镇，良渚文化是其表现的主题。

由此确立的良渚文化村规划目标为：一个展示并传播良渚文明的文化旅游胜地，一个充分利用现有丰富生态资源的生态旅游胜地，一个和自然和谐共处、有机生长的居住区。值得强调的是，其所具备的旅游、居住、创业三重功能并非机械组合，而是有机穿插，使其成为自组织、内循环、自我平衡并不断生长的城市综合有机体。

"二轴、二心、三区、七片"的总体规划结构

良渚文化村设计人口规模约 3.2 万人，核心规划构架为"二轴、二心、三区、七片"——路网结构上以区外快速通道为依托，区内规划有干路-支路-步行道三级路网系统，形成依山、沿河的两条"轴线"；用地结构上，形成以旅游中心区与公建服务中心区的"二心"、三个文化旅游功能区（核心旅游区、

现状地形图 © CIVITAS

海拔高度图 © CIVITAS

坡度分析图 © CIVITAS

朝向分析图 © CIVITAS

排水分析图 © CIVITAS

可建造区域图（2002 年）© CIVITAS

绿野花语概念设计手绘图之二 © CIVITAS

规划历程回顾："让土地告诉我们如何开发"

《杭州市城市总体规划（2001—2020年）》第一版曾提出"一主、三副、六组团"的城市发展格局，位于杭州市西北方向的"良渚组团"即六组团之一。得名于良渚文化和良渚遗址，"良渚组团"的建设目标是当时杭州市"东动、西静、南新、北秀、中兴"格局中的"北秀"，发展方向为大遗址保护展示区、以人文旅游为主的第三产业集聚区和最佳环境人居区，也是浙江省重点旅游项目和杭州旅游西进重点项目之一。2001年浙江省人民政府批准设立杭州良渚遗址管理区，计划通过良渚遗址保护与开发互动，保护良渚遗址，并带动区域经济发展，同时通过经济开发反哺遗址保护。

良渚文化村也是中国最早的政企合作土地开发项目之一。2000年10月，南都房产集团和余杭市人民政府在第二届西湖博览会上正式签订了良渚文化村项目合作开发协议书。同年11月，杭州良渚文化村开发有限公司设立，由此开启了政企合作土地开发的序幕。南都集团取得约10000亩土地，其中5000余亩为自然山水，3400亩为住宅用地，1200亩为旅游用地，约600亩为公建配套用地。地块西北侧靠大观山，东南侧倚毛家漾河，再加上大面积的林地，自然环境可谓得天独厚。20年前，杭州的城市建设集中于市中心，不仅良渚文化村地块从未经历过商业开发，其与城区相隔的约20公里范围内，也几乎都处于未开发的状态。因此，这一项目要求由企业对地块进行控规制定，负责原住民安置，并代建土地内所有城市基础设施与公共服务设施。

2006年，万科与面临产业调整的南都集团开展战略合作，接手良渚文化村的项目，同时吸纳了南都集团的开发团队。2008年以来，以良渚博物院、良渚君澜度假酒店、玉鸟流苏创意产业园、良渚文化艺术中心为代表的一批公共设施集中建成并交付使用，其高标准的城市界面与运营维护水准既提升了良渚文化村的整体价值，又带动了余杭区周边土地产业及人居价值的提升。政企双方均在开发过程中获益，形成了良性、可持续发展的合作体系。

良渚文化村的开发模式验证了在政府指导下，以企业为主体，依靠市场化力量开发的可行性，是

良渚文化村开发前地貌之一

PPP/BOT（政府和社会资本／基础设施投资、建设、经营）开发模式的雏形，在大规模新区开发上具有普遍的借鉴价值。

新城开发通常涉及政府、企业和原住民三方的利益诉求。地方政府作为公共利益的代表，通过引入房地产企业的举措减轻财政负担，并通过土地出让金获得财政收入，以市场运作的方式促进城镇化进程，推动产业发展，提升区域价值。企业通过综合开发运营的方式挖掘地方价值，房地产制度改革和市场化程度的提高为开发商积极参与新城建设提供了条件。良渚文化村地块开发之前分布着若干自然村，市政设施与公共服务匮乏，原住民具有改善生活环境的诉求，他们通过让渡原有生活空间获得安置补偿，并在就地城镇化的过程中获得社会福利的提升。

这三方关系中，如何通过健全的制度设计与协商机制确保决策的公正性与地方的长期发展，是政企合作土地开发中的关键问题。对于相对弱势的原住民而言，如何建立民意表达渠道？在安置房和补偿金之外，政府、企业与社会团体如何进一步介入，辅助其适应身份转换？在居民安置方面，除了一刀切的行政做法之外，如何进一步探索多元、自主、创新的解决方式？在政府和企业的博弈当中，地方政府应如何行使其职能以确保公共利益和区域的长远发展？企业在赢利过程中如何建立长效机制并回馈社会？这些是在以市场为导向的新城镇开发中值得探讨的、具有普遍性的课题。[1]

① 范琪，胡晓鸣．市场导向的大都市近郊新市镇开发策略研究——以杭州万科良渚文化村为例 [J]．建筑与文化，2015（8）：77-79.

良渚文化村开发前地貌之二

前期工作：调研与开发导则

据设计团队介绍，在 2000 年前后，杭州周边与良渚文化村同期开发的还有天都城、江南春城等大型地产项目。相比之下，良渚文化村除了自然山水和文化底蕴等显见的优势之外，由于靠近考古遗址，对高度和容积有所限制，从开发量的角度来看并不占优，也不存在高强度开发的可能性。"我们希望这个地方十年以后变成中国最佳的居住地——就是这样一个很朴素的想法。"[①] 开发团队对良渚地块的选择表明了某种价值判断，即在短期利益和长远价值中选择了后者。这可以说是一个带有理想主义色彩

的决策，而后续挑战在于如何建立一个支持长效愿景的机制。

南都创始人中有不少具有人文学科背景，对良渚文化抱有浓厚的兴趣。开发团队在取地之后花大量时间做了详细的前期调研，先后编写了《走进中国良渚文化村》《一个梦想居住的地方》等详细的调研报告与开发导则，梳理了良渚的地缘、历史、生态与考古成就等脉络，并从"田园城市"出发，分析了大量新镇开发的案例，在此基础上提出了良渚文化村的未来发展模式。"那两本书是南都的丰碑——我至今没有看到哪家开发商，对土地的热爱与尊重能够达到这种程度。"[②]

① 2018 年 8 月 22 日在杭州黄龙万科中心采访万科南都副总经理、总建筑师丁洸。
② 2018 年 9 月 19 日在上海虹桥万科中心采访万科总规划师傅志强。

其中，开发导则中明确提出了"居游"的核心观念。即该项目不是一般的主题公园或居住项目，而是集旅游、居住、创业三重功能为一体的自组织、内循环、自我平衡并不断生长的城市综合有机体。规划与设计嵌入地域文化基因与现代理念，游居方式出自传统，也与现代生活相通。其旅游藏有留居的潜在吸引力，居住糅合了赏游的因素，创业则以居住和赏游为依托。旅游者可通过一定时间的居留品玩文化与环境，定居者可进行文化研究、艺术创作、精神游历和创造性工作。

导则中还提到了城镇发展的两个参照系，其一是良渚遗址"城市规划"的启示，其二是田园城市的理论与实践。开发者认为，良渚古城遗址表达了先民对山系、水系和生物环境的尊重，采用接应、引导的方式进行建设，而非阻隔、排斥或势利地利用，今天大部分的城市设计均有所不及，未继承先民面对自然的谦卑和平等态度。而"田园城市"作为参照系被提出，是因为当时杭州城市发展已出现了中心城区负荷过重的问题，与田园城市学说发轫的时代背景有一定相似之处，而且田园城市模型也契合基地原始特征与开发商的审美想象。这两个概念成为规划建设的指导思想：探讨"十年后的理想生活"，提出"建设中国最佳居住地"这样一个远景目标。

纳入程序：从总体规划到城市设计

良渚文化村开发之初，PPP/BOT 新城开发模式还是新生事物，国内几乎没有用商业逻辑来建造几万人口规模小镇的案例，开发商起初也不知如何应付这一万亩毛地。开发商的规划部门提出，首先要把良渚文化村的开发纳入中国基本建设的程序——既然没有规划，那就先从整体规划做起，然后做控制性详细规划，再做修建性详细规划。在政企合作的开发过程中，相当于企业帮地方政府分担了一部分工作，也为后续开发建立法律依据。"良渚文化村从思考到规划、实施、建设，都还是按照基本的科学规律来操作的，这一点非常重要。"①

2002 年 2 月，南都委托 CIVITAS 编制《中国良渚文化村总体概念性方案》。邀请国际化团队参与新镇开发在当时比较罕见，而由此带来的开发理念与工作方式现在来看也是非常先进和有效的。从规划的概念与创意来看，方案呈现出自由浪漫的取向，与良渚的环境氛围比较契合。如何将境外事务所完成的规划落地并引入中国语境，以及如何在空间体验上适当地融入东方感，都是后续细化、建设过程中必然要考虑的问题。

CIVITAS 提出概念方案 3 年之后通过了总体规划，并与浙江省规划院、杭州市规划院合作完成了

CIVITAS 团队在现场工作

① 2018 年 8 月 22 日在杭州黄龙万科中心采访万科南都副总经理、总建筑师丁洸。

良渚文化村入口

控制性详细规划与修建性详细规划，由此将良渚文化村纳入杭州市规划体系，建立起与城市贯通的市政基础设施网络。考虑到规划文件不足以指导和约束后续开发的形态，南都还邀请CIVITAS做了核心区域的城市设计及控制城市设计的导则，选取三类地块（共建配套、文旅休闲和住宅）完成了非常细致的总体设计和景观设计，作为样板区提供延续到下一级规划的尺度，承托住后续开发项目不至变形。

2003年完成的规划基本规定了道路、组团和景观的整体格局，圈定了文化村的建设红线，锁定了容积率，在后续住区开发过程中没有发生太大的迭代或改动，成为良渚文化村开发过程中"宪法"般

的存在，也得到居民的广泛认可。

规划愿景落地

对于良渚文化村这样量级的开发，不可能在规划基础上一次性建设完成，必然要分期逐次开发。在此过程中，尽管有CIVITAS的城市设计作为参照，开发者仍然需要一方面在大方向上实施落地，在面对无数琐碎具体的事项时仍保持局部与整体愿景的承接，另一方面在管控上又不能太过理性，要保证风格在一定程度上的多元化，从而在开发过程中留有一些自由的创造性与趣味性——个中分寸的掌握与权衡颇具挑战性。尽管仍有未能尽善尽美之处（比

如当前部分停车问题、原规划中的"绿色手指"概念被简化等），但是从总体结果来看，良渚文化村还是坚守住了最初的愿景。

房地产开发是一个以经济利益为导向的行业，"销售额"亦是其无法规避的考核标准。而审视良渚文化村的现状，会发现开发过程中有很多做法却并非全然是逐利性质的——例如 2009 年起开始在文化村倾尽资源建设的一系列生活配套设施和文化地标。开发团队在回忆起这段经历时，回答得非常坦然："所谓开发模式就是一种商业冲动……'不忘初心'说说很简单，但是要保证所做的每一件事情能体现这个，很难……所有个人、企业都一样，都面临着选择短期价值还是长远价值的问题，或者说如何维持一种平衡。"从某种层面而言，基础设施的建设增加了成本投入，拉长了成本回收的时间，却也因此吸引了人气，建立了口碑，为后续项目的发展奠定了基础，提升了附加值。这种长线开发的策略优势，在文化村如此大体量的开发项目上，尤其得以彰显，形成了一种开发商与居民双赢的局面。而在如今一、二线城市化进程逐步放缓，开发项目尺度缩减的背景下，如何将这种思路与模式延续下去，形成长效的愿景机制，也许是城市未来需要积极思考的问题。

在中国的城市化进程中，开发商是非常重要的参与者。但是任何一个项目，开发商都有退出的一天。只有让土地自身真正可持续的内生力焕发活力，形成良性、持续的运作体系，才能让社区健康地发展下去。万科从在文化村建设一系列的基础设施，包括公园、道路、学校、食堂、文化艺术中心等，到推动社区自治，不仅为在该地区生活、远离市中心的人们解决了一部分衣食住行的基本问题，也为开发全面完成后社区进行自主运行助了一把力。或许，文化村吸引人的特质恰恰在此，它基于一张"蓝图"的演绎，早已游离出漂亮的设计、高绿化率等单纯物理空间上的价值评判，转而在精神文化层面、社群的持续健康发展上越来越突显其内涵。

科学规律和长效基因

良渚文化村 20 年的规划与建设让人们得以从时间的维度上重新审视城市发展——从未有一蹴而就的成功，城市需要慢慢生长，场所同样需要通过时间积淀其特质与品位。如何避免急功近利，并且如何在如此漫长的跨度里维持团队的初心与愿景，是所有城市开发的利益相关者们应该审慎思考的问题。

良渚文化村的成功经验在于尊重事物发展的科学规律和注重"长效基因"。20 年的建设发展可以说基本做到了"一张蓝图绘到底"。在开发前期，建设方的团队投入大量成本对基地进行了细致全面的调研，梳理人文、历史、地理的脉络，结合城市发展，提出合宜的开发愿景。开发者邀请国际团队与本地规划单位合作编制了三级规划，按照规范程序将毛地纳入城市规划管理体系，并进一步制定城市设计导则，成为后续开发的基础和依据。

随着开发的深入，通过配套设施提升增加常住人口，向东拓展加强与杭州的联动，结合"城乡建设与生活服务商"的企业转型理念提出产业培育和"五大主张"等举措，都是以更长远的眼光看待区域发展的体现。可以说，开发团队的稳定和连贯，对长期价值的认同及相应行动策略的实施，在企业层面上基本保证了大型土地开发项目的长效发展机制。

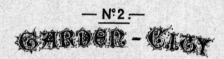

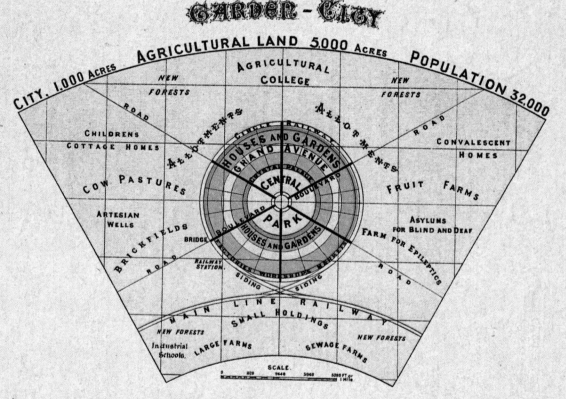

田园城市示意图，来源：埃比尼泽·霍华德《明日：一条通往真正改革的和平道路》（1898）

03　住区模式研究

丰富的物业形态与完善的生活机能并非一蹴而就，在近 20 年的发展历程中，良渚文化村经历了"旅游地产开发—生活配套完善—产业培育导入"三个阶段，从旅游度假区演变为复合型居住社区，并朝产城融合的方向转型。

好房子，好服务，好社区：良渚文化村住区发展历程

从地产开发的类型来讲，良渚文化村属于非典型城郊大型复合式居住区，规模庞大，内容多元，在居住功能及相关生活配套服务之外，由于特殊的基地条件，囊括了历史与自然资源的保护利用、旅游开发及配套商业服务等多元内容与方向。

从住区规划架构来看，良渚文化村的总体规划在尊重原始地形与生态系统的基础上，形成了一条林荫大道和 8 个主题"村落"的总体架构。所谓"村落"，即由若干居住单元及其公共服务设施构成的组团，组团规模控制在 5 分钟、10 分钟、15 分钟步行可达距离内，组团之间保留宽阔的开放空间，作为连接山林与河滨的绿色通廊和游憩公园。

对住宅、公建、旅游用地的精细划分和混合利用实现了"小同质、大混合"的模式。每个居住组团采用"小封闭、大开放"的格局，通过独栋、联排、叠排、院墅、多层、小高层等住宅产品类型应对多层次的市场需求，确保社区的丰富性和混合性。具有一定密度的紧凑居住格局保证了充裕的公共设施用地和山水形态的存留，并且对社区商业形成良性支撑。

丰富的物业形态与完善的生活机能并非一蹴而就，在 20 年的发展历程中，良渚文化村遵循"统一规划，分期实施"的原则，经历了"旅游地产开发—生活配套完善—产业培育导入"三个阶段。随着开发由北向南推进，文化村的建筑密度与常住人口逐渐增加，也从旅游度假区演变为复合型居住社区，并朝产城融合的方向转型。

第一阶段（2000—2008 年）：田园旅居的世外桃源

2000 年至 2008 年是开发第一阶段，开发者邀请国际团队 CIVITAS 与本地规划研究机构合作完成了总体规划，确立了良渚文化村"山水田园小镇"的开发定位与基本格局，并将良渚文化村纳入了杭州市规划体系，由此建立起基本的市政基础设施。

建设从北区开始。开发初期的项目定位是"国际旅游度假区"，其核心设施为良渚博物院和（规

划中的）玉鸟流苏景区。围绕核心设施布局了良渚君澜度假酒店，以及四个具有异域风情的住宅小区——白鹭郡北、竹径茶语、白鹭郡东、阳光天际。

这一阶段的住宅类型主要为低密度的别墅与多层住宅，置业者以投资和度假人士居多。从土地价值评估的角度，良渚文化村由于前期缺乏基础设施与生活配套，其土地附加值主要在于自然资源与历史文化资源。因此这一时期开发团队采用了低密度、低容积的开发策略——容积率指标为1.1，实际只做到0.4左右。这一方面反映了开发团队超越功利性的审美取向，另一方面也符合其背后的商业逻辑：在当时的条件下，良渚文化村最优质的资源是自然风景，降低容积率可以提高住宅产品附加价值，把土地资源最大化地回馈给目标客户。

在对业主的采访中，不少早期业主（大多为社会中上阶层）都提到对高密度同质化的城市生活状态的厌倦，渴望一种田园牧歌式的、远离尘嚣的个性化生活状态，而良渚文化村的开发理念和建成环境满足了他们对未来生活的想象。

第一阶段的理想主义和实验精神还体现在对住宅产品多元风格的尝试，以及顺应地形、有机排列的总体布局中。

这一阶段奠定了良渚文化村的开发架构和整体基调，称得上是一个充满理想主义色彩的开端。但是由于当时良渚遗址尚未获得足够的开发，作为旅游目的地吸引力不足，因而酒店经营状况不甚理想。加之基础设施尚未完善，生活配套欠缺，住区入住率非常低，使社区功能无法良性运转，也缺乏持续开发的驱动力。

第二阶段（2008—2012年）：打造第一居所

2006年万科与南都进行战略合作，成立浙江万科南都房地产开发有限公司，接手良渚文化村的开发。经过一段时间的磨合，从2009年开始，针对良渚文化村入住率很低的状况，杭州万科制定"第一居所"的发展目标，调动大量资源投入公共服务设施的建设和运营。2009年至2011年，北区完善了社区生活配套体系，在玉鸟流苏组团密集布局了食街、菜场、玉鸟幼儿园、浙江大学第一附属医院门诊部等设施。这一部分设施也为中区新开发住宅项目提供过渡性的生活服务。

随着高品质配套骨架的搭建，新组团陆续开发及市场回暖，销售业绩开始回升，文化村进入增长期，也成为万科企业版图中的重要项目。在基本生活配套以外，这一阶段还筹划了大量社区文化设施，包含九年一贯制学校，随园嘉树养老综合体，良渚文化艺术中心等项目，并明确提出以高起点、高标准打造硬件设施，与业内顶级团队合作，培育企业自主运营的经营理念，在某种程度上奠定了多元产业发展的雏形。

"先出善手"：生活配套投入

良渚文化村从最开始的养老、度假、旅游型项目到"第一居所"的认知转变是走了一段路的，"当时我接家人来杭州居住，最大的社区就是良渚，我和太太希望孩子在社区里能够有玩伴，所以就在社区里逛逛，找找看同龄的孩子，没想到这么大的社区里，同龄孩子没几个。大多数人都是周五晚上来，周日走，都是自驾车，拖着吃喝用品。为什么不能是第一居所？因为生活配套为零。往往在这个问题上，人们都会纠结先有鸡还是先有蛋。我主张'先出善手'，多年后回过去看，这样做是明智的。"①

　　社区配套的第一步是超市，由于人气不足，知名超市品牌不愿进驻。开发商引进了喜士多（当时是上海比较高端的便利商店品牌），由万科物业员工担任超市员工，统一穿喜士多制服，接受喜士多的培训和日常经营考核。不承想，开在良渚文化村的分店在该品牌长三角门店月度排名中总是名列前茅。因为开发商用心经营，以完善社区服务为出发点，想着怎么样从最细的角度为客户提供方便，让居民满意，特色自然就出来了。例如，在食街、菜场等配套设施尚未到位的情况下，社区便利商店每到周五、周六就贩售蔬菜食材。

　　为了解决一日三餐，良渚食街上开办了村民食堂，提供平价而让人安心的一日三餐，早餐供应的大饼油条尤其受欢迎。"做食堂，就是想着要让人吃得起，而不是把大家拒之门外。"村民食堂是良渚最有特色的配套之一。吃饭是中国人交流感情的一种重要形式，亲人、同事、邻里、朋友之间的感情都离不开食物的维系。现代人生活节奏匆忙，邻里关系疏远。万科提出，社区居民不应是一个个孤立的个体，应该走出家门，在与他人的沟通互动中发

村民食堂的豆浆油条

村民食堂

展自己的潜能。以良渚村民食堂为原型的"第五食堂"产品线即传达了这样一种社区理念，希望在快速建造、人口迁入、城市形成的过程中促进邻里交往，让社区成为有温度、有归属感的家园。

　　2015 年在米兰举办的第 42 届世界博览会主题是"给养地球：生命的能源"（Feeding the Planet, Energy for Life），这是世博会史上首次以食物为主题。米兰世博会万科馆通过"食堂"这一主题与大会主题呼应。建筑师里伯斯金解释道："万科馆的建筑设计受到了一系列中国古代与现代思想的启发，其内外部间的音乐比例、弯曲的几何图形及流动感创造出一段时间和空间的旅程。游客在馆内多媒体设备的帮助下可以逐渐理解食堂所体现出的东方哲学，以及万科对社区做出的承诺。这些承诺维系着传统、价值和人与人之间的关联。万科馆通过讲述文化、科技和 21 世纪的故事，提供一个用于反思和庆祝的空间。"

　　民以食为天，饮食文化是中国文化的缩影。食堂承载的不仅是美食，还有人与人的情感联系和互动。米兰世博会万科馆在多媒体屏幕上以多维组合

①　2018 年 10 月 29 日电话采访杭州万科前任总经理周俊庭。

白鹭郡东总平面图

白鹭郡东鸟瞰之一

白鹭郡东鸟瞰之二

开发者视角的住区规划理念与设计管理制度

中国住宅建设和房地产市场发展与改革开放同步。随着社会经济整体变革，住宅建设与房地产发展改变了人们的生活方式，推进了城镇化建设进程，并成为支撑中国经济高速发展的强大动力，这一状态也正如万科的企业宣传及产品开发理念所表达的——"向大众提供一种新的生活方式"。

大型住宅区的规划、设计与运营

1988 年万科在深圳通过公开投标方式获得第一块土地，开始进入房地产领域。1991 年万科上海分公司注册，确定以房地产为核心业务的发展战略，并将住宅作为房地产的主导开发方向。企业发展早期非常重视研发，通过频繁的海外考察，将"他山之石"用在国内的开发建设中。譬如主张社区的开放性、混合性及提供公共生活服务。在实践过程中开发者也不断总结经验，并通过各种渠道输出观点

及传播企业文化。

在 2004 年出版的《万科的主张》[①]一书归纳了万科在城市居住区规划中的若干观点，包括创造开放的住区，激发住区活力，创造社区文化，注重社区的长期发展等。这些观点现在来看也依然有效，并且具有一定的前瞻性和批判性。

住区的开放性

住区开放不只是打破围墙这样简单表面的概念，它强调住区是城市整体功能和空间构成的有机组成部分，而不是独立于城市空间、城市交通的"城中城"。要通过适宜的路网密度、通达的公共交通、能够共享的配套设施、开放友好的街道界面等规划，营造有机的城市生活。

从城市角度，开放住区能够增加城市道路网密度，激活社区商业，增加城市公共空间和绿地，优化配置，共享资源。从开发商的角度，开放的住区、合理的路网密度、公共交通的引入、商业活动的繁

---

① 清华大学建筑学院万科住区规划研究课题组，万科建筑研究中心. 万科的主张 [M]. 南京：东南大学出版社，2004.

荣意味着该地区的成熟。对于大多数位于城郊的住区开发项目而言，开放社区可以帮助偏僻郊区转化为成熟的城市片区，从而吸引人气的集聚，提升区域价值，带来真正意义上的开发成功。

　　住区的开放性，无论是从功能上还是空间上都是一个相对的概念，开放住区与保证居住组团在一定程度上的私密性是不矛盾的。在实际操作中，根据封闭住宅街区内部的功能组织及外部管理，确定适度的封闭式居住街区规模，组织安全管理。在门禁式社区成为主流的大背景下，新开发社区（包括在良渚文化村）普遍采用"大开放、小封闭"

的格局，组团规模及社区公共生活服务设施以"15分钟步行圈"规划，既保障了人们对居住组团的私密性与安全性的心理需求，也保证了社区商业的服务半径及可达性。

激发住区活力，创造社区文化

　　住房体制改革和大规模地产开发使传统邻里功能被社会化的服务体系所取代，改变了邻里交往模式，造成人们的社区归属感缺失。在居住迁移的过程中，人们也许可以获得更好的住房和环境，但不意味着能同时获得更珍贵的东西——成熟而有活力

春漫里商业街

的传统邻里和社区。

良好的住区规划可以促进邻里交往和住区活力。混合的、多元的、小同质大复合的人群构成对社区持久活力发展具有重要意义。从物质空间规划层面而言，提供多样化的住宅产品类型和多层次的公共空间系统，是促进人群多样化的重要手段。

促进住区活力需要制度基础和规划引导，制度建设包括物业管理模式、社团组织建设、大型住区活动安排、商业促进手段和媒介宣传展示等。万科曾经先后提出四种物业管理模式：共管式管理模式、酒店式管理模式、个性化管理模式和邻里守望管理模式，对全国物业管理行业产生深远影响。组建住区社团协会是用新建筑促进交往和活力的最直接手段。物业公司可以在入住初期组织业主建立活动社团，使其进入良性循环之后自行发展。社区活动可以节日文化或体育活动为题材，是增进社区交往的重要途径。媒介宣传也是对内的社区营造手段，通过海报、宣传栏、小区内部刊物、自办报纸等形式加强社区成员对社区及邻里之间的了解。

注重社区的长期发展

作为城市有机体的一部分，房地产开发销售完成只不过是住区动态生长历程的开始。住区的运行需要一定的维护成本，如何有效降低维护成本，使住区的配置更加经济实用？公建配套是决定居民生活便利性的重要配置，如何使公建配套既能实现自身的经营目的，又能有效地服务住区？住区品质受外部环境的影响，如何减少外部环境对住区可能产生的负面影响？这些都是与住区长期发展息息相关的课题。

住区长期发展问题实际上是城市发展运作问题在住区层面的体现。在中国目前的住区建设中，开发商承担了相当多的城市建设职能。这些城市功能包括提供公建配套、公共空间和公共绿地，也包括提供相应的发展变化余地、功能转换空间等。大规模住区所负担的城市职能、住区规划实际上成为平衡政府、开发商和居民三方面利益的手段。关注住区长期发展，既符合城市发展的需要，符合居民的需要，又符合企业长远发展的需要。

精细化、产业化的住宅发展趋势

"项目成功 70% 在于产品，产品成功 70% 在于规划设计。"为了实现规模化和高品质这一目标，万科结合多年中国房地产实践经验，发展出一套有效的设计管理方法和人才培养制度，以设计研发和项目管理为主线，把住宅建筑当作产品来研发和生产。[①]

1994 年万科成立了设计管理部门。设计部的成立源自三个背景因素：第一是社会上房地产人力资源严重不足，房地产公司需要自己的专业地产建筑师来指导和衔接建筑设计；第二是 1994 年万科开始大量与境外设计师合作，需要搭建一个与境外设计师进行交流沟通的平台，这个平台不是营销、管理、财务或工程人员所能运行的，必须有一个有专业建筑背景的团队；第三是当时的施工企业和构件加工企业非常不成熟，需要一支专业的建筑师队伍去跟踪和把握整个建造过程。

"业主建筑师"现象在一定程度上反映了计划经济的设计院向市场经济的事务所过渡的过程中，原来的制度不适应而新的制度还未完全建立起来的现状。房地产企业的设计管理者为发展商树立建筑观，

① 张海涛，傅志强. 为了完善，必须建立标准——与上海万科设计总监张海涛和建筑师傅志强的对话 [J]. 时代建筑，2005（3）：87-89.

为建筑师创造商业观，标志着地产操作模式向专业化方向发展，也显示出设计专业在商业房产开发全过程中的地位日益提升。[①]

大多数地产开发项目在立项之后是由设计部与企划部共同做项目前期的策划，进行市场调研，对产品进行定位，之后由设计部先做概念草案，在这个阶段要考虑面积、户型、价格、成本等因素。方案完成之后，经过各种研究、选择和判断，定出建筑风格并制作详细的设计任务书，然后才去找合适的建筑师或规划师来做。经过这几个环节所做出的设计任务书是非常准确的，在后来实施的过程中一些基本层面的东西很少改变。

1994年，设计管理部门作为与设计单位密切沟通的平台，直接负责项目的初步规划、材料把关、样板间装饰装修等，开始从规划设计上提炼更强的产品竞争力。1998年，万科成立建筑研究中心，专门研究与建筑、住宅、生活密切相关的前瞻性课题。2001年开始启动合金计划，把各地公司各阶段比较优秀的开发操作经验融合在一起，提炼出一套性能稳定、广泛覆盖的执行规范，提出"要做没有质量问题的房子"的目标。从2002年3月起，《项目设计流程》《项目设计成果标准》等一系列设计规范文件陆续出台，为建造优质住宅打下基础。

万科认为，住宅标准化就是建立一个行业产品的基准平台，要在差异化的前提下建立起万科住宅标准与产品标准化体系。2004年，万科在第三个十年战略规划中提出"精细化"和"产业化"的发展目标。其中住宅的精细化发展坚持产品导向与客户导向，一方面加大产品研究的力度，一方面加深对客户需求的研究，力图在产品服务创新方面建立企业的自主知识产权。按照客户的不同生命周期，建立梯度住宅产品体系及企业住宅标准，通过工业化生产，提高住宅品质与性价比。以和谐自然生态为标准进行对未来可能住宅的研发，为住宅产业贡献更多自主知识产权。

2005年开始，万科逐渐采用精装修成品房交付标准，致力于住宅精细化设计的研发与运用，从前端的设计、采购、成本控制、现场实施、销售，到后续维修服务保障等各个环节全流程把控。[②]在项目定位与设计阶段，除了定义常规的建筑户型景观装修外，还需从功能、运营（维护）等层面细致考虑公共空间、地下室、商业配套等空间的价值。"采用全资源设计理念，每一平方米、每一立方米的定位与设计都经过仔细推敲，不浪费资源。"

在良渚文化村，白鹭郡东是第一个从毛坯交房转型为精装修交房的小区。白鹭郡东是文化村早期开发的项目，其规划与建筑设计是由良渚博物院的设计者戴维·奇普菲尔德建筑师事务所完成。白鹭郡东是一处具有实验精神的集合住宅。一般认为住宅是相当"本土化"的设计领域，需要迎合本地文化及本地市场培育出来的生活方式和居住观念，而白鹭郡东基本是欧洲集合住宅的范型，从外观到户型均不太符合本地消费者的观念，问世之后销售业绩不理想。另外，白鹭郡东的主要规划构想之一，是把车库设在一层，二层以上为住宅，将组团里的二层平台变成一个相对私有的开敞空间。从建筑设

① 严嘉慧. 我们需要怎样的甲方建筑师？[J]. 时代建筑, 2003 (5): 91.

② 2002年建设部发布《商品住宅装修一次到位实施导则》，2005年建设部住宅产业化促进中心提出，大中城市的毛坯房应在六年之内消灭，2006年建设部颁布《国家住宅产业化基地实施大纲》。2006年，万科顺应市场趋势，开发具有万科特色的装修体系，提高产品核心竞争力。从资源角度，减少客户二次装修产生的资源浪费，提高资源利用率；从产业角度，为工业化装修生产方式的实施提供条件，加快装修产业化的进程。2013年，杭州万科提出"不再卖毛坯房"的口号，此后的项目均以精装修的形式问世，精装修不仅在高端项目中推广，而且应用于普通住宅。

计的角度来看，这个做法增添了公共空间的层次，作为集合住宅也有管理上的优势；然而从法规角度出发，它却不符合中国建筑规范中对容积率的定义，因而很难在后续开发中复制推广。

2009 年开发商提出精装修销售策略，聘请来自日本的设计团队，采用简单清新的现代风格对白鹭郡东尚未售出的两个组团进行升级装修。销售业绩反映了市场认可度——2009 年由于楼市不景气，单价 5000 元 / 平方米的房子面临滞销；到 2010 年重新开盘后，单价 15000 元 / 平方米的房子竟被一抢而光，主要购买者是年轻人。这个戏剧性的转折一方面归功于市场回暖，另一方面也反映了消费观念的转变与升级。[①]

2011 年开发商提出：不但要把产品做好，还要通过完善的社区配套服务，吸引人们真正住进来。开发商潜心调研业主生活习惯与社区发展趋势，提

白鹭郡东

---

① 2018 年 9 月 23 日在上海虹桥万科中心采访万科集团总规划师傅志强。

小区步道上运动锻炼的人们

高设计标准，也逐步完善社区生活服务体系。2016年，在"好房子，好服务，好社区"的基础上，开发商推出《三好住宅白皮书》，根据书中论述："好房子"指以质量、健康和性能为核心，为居住者提供安全和舒适的心灵归宿；"好服务"指关注客户从初次接触、购买过程、交付使用到长期入住的全流程，为客户提供专业、集约、主动的服务，让处于不同生命周期的个体均得到尊重与关怀；"好社区"是探索邻里关系的新模式，促进城市人居回归睦邻而居的传统，给予生命和谐与多彩的人文空间。

新的口号延续了住区研究的脉络，强调社区价值在于房屋品质、物业服务和社区文化三方面，不仅是硬件的开发建设，更是软件的管理维护。与时俱进的住区理念回应了社会演变与技术进步，也体现了企业在发展过程中从地产开发拓展到"城乡建设与生活服务"的转型思考。

■ 附：作品 3

郡西澜山：住宅精细化设计探索

郡西组团位于总体规划中"白鹭郡"主题村落的西侧，用地规模 33.66 万平方米。第一期为合院别墅，第二期"郡西澜山"是多层住宅，总建筑面积约 37 万平方米。原始地形主要为矿坑生成的若干台地和小断崖，西侧坡的五狼山水库与东侧用地有小山丘相隔，植被良好，环境幽深。郡西澜山的开发定位是具有"山居"特色的生态型高端社区，充分利用原始山林的自然环境特色，营造有山、有水、有林的居住环境。

根据地形，郡西澜山小区分为三个小组团，各组之间及与一期郡西别墅之间留有足够尺度的绿化景观通廊，注重山景渗透，并利用地形山坳形成防洪水系，建构山水骨架。台地化设计避免了大规模山体开挖和场地平整，利用自然通风采光的地下车库垫高场地，并将地块切分成不同标高的台地，景观也随之层层递进，可一览良渚文化村全貌。

郡西澜山住宅产品的研发落实了全方位精细化设计，在标准户型的基础上局部增加顶复、底复、侧向庭院等户型，既丰富产品类型，又增加山地特质。精细化设计还体现为对房间面宽、进深进行尺度推敲，对日常动线进行合理规划，贴合使用习惯，营造生活情景，使居住者感受到空间的品质和先进的家居理念。

项目概况

项目类型	多层集合住宅
设计 / 建成时间	2015 年 / 2017 年
总建筑面积	37.17 万平方米
设计单位	上海中房建筑设计有限公司

郡西澜山社区鸟瞰 © 中房

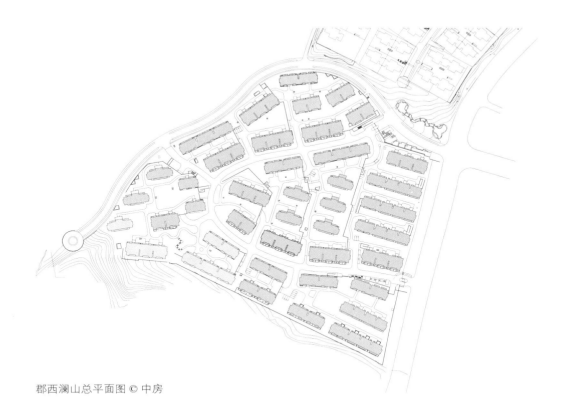

郡西澜山总平面图 © 中房

郡西澜山社区内景之一 © 中房

郡西澜山社区内景之二 © 中房

■ 附：作品 4

郡西云台：半山腰的立体庭院

　　"郡西云台"是白鹭郡西的第三期，位于一期、二期的北侧，为低密度独栋住宅和联排别墅。"半边是城市，半边是自然"，建筑设计用一种恰如其分的方式介入场地，是人与自然和谐共栖的大良渚规划思路的延续。

　　郡西云台总体规划尊重山地特征，以台地适应地形，避免大规模山体开挖和场地平整。居住界面标高 38 米，主入口及会所大堂绝对标高 23 米，通过电梯将步行者直送至上层中心景观区，机动车则通过小区内部道路直接进入各户地下车库。设计注重处理场地竖向和高差变化，在基地内部形成移步换景、变化丰富的空间。建筑之间形成街巷空间，组团入口设置坊门，加强空间的领域感，同时用现代建筑语汇再现了中国传统住宅的场景。

　　郡西云台共开发了三种产品类型：合院式住宅、类独栋住宅、山墅。

　　合院式住宅通过半围合的单体及其组合形成院落空间，结合地形，创造性地设计了侧向入户方式，在建筑组团间形成街巷空间。类独栋住宅借用山体高差将地下室的侧面全部打开，通过形体的架空、退台等手段，形成丰富的庭院空间；建筑采用平缓坡屋顶，造型语汇延续大良渚的风格。山墅由竖向楼梯串联所有功能空间，通高的客厅形成各空间的垂直渗透，给人们带来丰富的居住体验。

项目概况

项目类型	低层住宅
建成时间	2018 年
总用地面积	6.36 万平方米
总建筑面积	7.58 万平方米
计容建筑面积	4.86 万平方米
设计单位	gad 杰地设计集团有限公司

郡西云台总体轴测图 © gad

郡西云台社区内部环境

郡西云台会所水池

郡西云台社区公共空间

■ 附：作品 5

劝学荟：情景式社区商业公园

"劝学荟"被视为良渚文化村的南门户，项目定位为集购物休闲、公寓宜居、亲子教育、康体健身为一体的一站式开放购物公园。它体量不大，与西侧住宅联合开发，东侧是劝学公园，北侧是山体。

建筑师从城市设计的视角，将劝学荟与东侧的劝学公园连成整体，强调公共空间的开放和串联，与城市和周边产生对话。整体设计从横纵两个方向将街区向外打开：横向衔接周围的居住区、公园和学校，形成尺度宜人的步行系统；纵向引入自然资源，形成一系列广场与公共空间，从而营造出可玩、可游、可商、可居的多元化生活场景，创造人与人、人与自然、建筑与自然有机碰撞的城市界面，吸引不同的人群在此汇集。

劝学荟 Qsquare 包含酒店、公寓、商铺、办公、广场，以及一条环形"空中跑道"，因其总平面图形似英文字母 Q 而得名，而 Q 在年轻一族的文化语境里带有轻松活泼的意思，正契合广场的个性。位于西侧的高层酒店和公寓呈线性展开，东侧的低层商业呈点线布局，将商铺与空间地景要素灵活组织在一起，营造更加亲和自然的购物氛围，与对面公园建立相互渗透、互为风景的关系。

400 米的环形"空中跑道"凌空而起，形成富有吸引力的城市界面。它如同一条丝带串联起整个商业空间，有效增加人群的进出频率，促进商业活力，也增加了空间体验的可能性和乐趣——人们在跑道上运动完后，可以顺路买一杯咖啡或小憩一会儿后去接刚刚上完培训班的孩子回家，或者进一下店铺再回酒店，等等。跑道将不同人群的生活联结起来，激活了空间的活力和能量。

项目概况

项目类型	社区商业综合体
建成时间	2018 年
总用地面积	1.49 万平方米
总建筑面积	3.03 万平方米
设计单位	AAI 国际建筑师事务所、美国施朗建筑设计咨询（中国）有限公司

劝学荟东西大道主入口

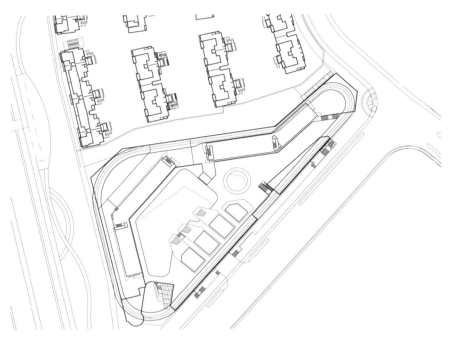

劝学荟总平面图 © AAI

劝学荟的商业广场

劝学荟中庭的旋转楼梯

■ 附：作品 6

大溪谷：接山引水的开放社区

"大溪谷"是良渚文化村迄今最后一个住宅开发项目，包含叠墅、小高层和社区商业。基地三面环山，南低北高，其制高点是良渚最大的湖——蓝月湖。整体规则中，临主干道界面设置商业，内部界面设置住宅，通过分散灵活的商业组织、滨水围合的建筑排布来回应"西海岸"的主题。

景观规划方面借助天然优势，引入山上的湖水，顺势贯穿中心景观水轴，形成一条滨水步道并衍生出三个与水有关的景观节点——小区南端环水门户、中央环水公园及最高处的观湖节点，另有一条步行水街横贯东西，形成了层次丰富的滨水公共空间体系。小区内主要街道适度放宽，使 D/H 值（距离与高度的比值）在 1 ~ 2 之间，结合两侧的林荫大道塑造宜人的街道体验。住区的临街界面以孔洞的形式与外面的街道、城市景观产生对话，互为风景。

建筑师对环水建筑施以扭转、退台、底层架空等形态处理，使景观相互渗透，并且错开视线，保证户户有景。朝向湖面的建筑在山墙上开设转角窗，或以观景窗搭配转角亲水阳台或露台带来亲水体验。面向山体的建筑，也运用相似的设计手法，将建筑扭转、错开、退台，为靠山的建筑争取到最大的景观资源。

全区分为 5 个组团——环水墅院、临水雅筑、望山谧居、清庭、素院，对应其建筑类型分别赋予相应的风格定位，每个组团的建筑立面各具特色，并根据位置和朝向做了细致的差异化处理。三面玻璃幕墙建筑、平面屋檐、转角阳台、Z 形全景屋顶露台花园等设计，是该项目的主要创新之处。

项目概况

项目类型	集合住宅与沿街商业
设计时间	2017 年 3 月
总用地面积	29.78 万平方米
总建筑面积	39.36 万平方米
建筑设计单位	AAI 国际建筑师事务所
景观设计单位	上海大器景观设计有限公司
室内设计单位	香港郑中设计事务所（CCD）、杭州潘天寿环境艺术设计有限公司

大溪谷环水门户别墅实景

大溪谷社区中央水景

大溪谷总平面图 © AAI

大溪谷叠拼别墅实景

大溪谷住宅细部

地主、地租的消亡，来源：埃比尼泽·霍华德《明日：一条通往真正改革的和平道路》（1898）

04 社区营造之路

良渚文化村的《村民公约》是社区营造的里程碑。它通过自下而上的社区动员唤醒公民意识，表达了自律、向善的社群精神。由此，居民与开发商的关系超越了传统意义上的服务与被服务或管理与被管理的二元关系，开启了协商共治的新局面。

从社区认同到社区自治：良渚文化村社区营造历程

自 20 世纪末以来，随着中国城镇化建设迅速推进，住房体制改革及商品房市场日趋成熟，中国城市的群落构成从胡同、大院、里弄、新村等形态演变成了各种"商品房住宅小区"。一方面，人们的生活条件与生活环境得到了很大提升与改善；另一方面，"熟人社会"的基层治理与社区营造路径不再适用，转而由基层政府（街道）和物业公司来管理与规范社区生活，邻里间缺乏交流，彼此间愈显疏离。

如何将商品房社区从陌生人社区营造成具有地方归属感的社区，如何在社区居民（业主）、物业管理机构、房产商、社区服务中心（街道办事处下设分支）、业委会、群众活动团体等多元主体共建格局中激发社区群众的主动性和自治力量，如何营造参与型社区文化并形成"全程式""开放式"的公众参与格局，这些是当代中国社区建设的核心议题。

良渚文化村的社区活跃度、居民参与度、地方认同感与归属感在今天看来都优于同类大型新建商品房住区，经由居民主体、物业服务、基层政府及非营利性外部机构等的多方协作，形成了具有人文关怀的社区文化和日趋成熟的协商机制，这在商品房社区中并不多见。对良渚文化村社区营造过程的梳理及回溯，可以为我国大型商品房住宅区的社区营造路径提供一些具有普遍性的经验。

第一阶段：社区认同的基础

良渚文化村初期开发定位偏重旅居度假，优越的自然环境和开发商的理想情怀吸引了社会阶层相同与价值观接近的第一批常住居民——他们具有较高的经济水准与社会地位，大部分从事无须每日通勤的自由职业，向往远离尘嚣的田园生活。他们很欣赏良渚文化村楼盘名字中蕴含的田园情怀，自称"村民"，对文化村的居住环境与文化价值有深深的认同。

据业主王群力（杭州资深媒体人）回忆，他第一次看到名为《良渚理想》的楼书时，一下子被其中几个关键词打动了：第一是良渚理想，第二是欧洲小镇，第三是心灵归属在乡村。"2000 年以后，杭州已经有一部分精英人士厌倦了城市生活，把居住跟心灵联系在一起，希望有一个能够远离尘嚣，但是距离大都市又不至于过分遥远的生活空间。"良渚文化村的出现符合了这批人的理想，他们甚至愿意为了享受自然环境而忍受生活上的不便。

定居良渚文化村的 Wendy（温迪）和 Jack（杰克）夫妇在与邻居的闲聊中印证了这一点，"住在这里的人对审美有共同的要求，都喜欢青山绿水大自然，像我们这个小区的人，有很多都是文艺工作者，他们不一定要很方便，可是他们希望心灵有个归宿。来到这个地方的人，都是有这种共同的想法，对这件事情或者这个环境有共鸣的人。"

在早期基础设施和生活配套不足的情况下，业主们形成了"抱团取暖"式的生活互助模式与情感联结，"村子里开伙，是一家叫一家的，不像现在有食街这么方便，回忆过往，我们很怀念那段时间。"抱团取暖的过程，让一致性非常高的早期居民更加团结，为良渚文化村的生活方式和社区文化奠定了基调。随着文化村持续开发扩张，人群的结构变得更为多元，早期业主中的不少人在现实生活中具有一定的声望与影响力，他们在社区中持续扮演着意见领袖与公共活动发起人的角色，是良渚文化村社区环境营造的重要力量之一。

第二阶段：协商平台的建构

文化村的重要转折始于 2009 年，开发商投入大量资源建设了村民食堂、菜场、幼儿园、学校、医院等公共生活服务设施，为社区居民解决了日常衣食住行、医疗教育等问题，把良渚文化村的定位从近郊度假别墅转变为"第一居所"，也为居民日常交往提供了高品质的物质空间。

社会学视野下的公共空间不仅指面向公众开放的有形空间，也包括无形的舆论平台，它是公民参与公共事务与政治事务的地方，从传统上说，西方的"广场"和东方的"茶肆"在各自文化中扮演着这样的角色。而 2000 年之后由于互联网的蓬勃发展，互联网上"虚拟"的议事空间更便捷、自由，不受物质空间和时间限制，在社区公共事务中扮演着关键角色。

2006 年，随着"竹径茶语"居住区建成面市，"搜房网"开通的"良渚文化村竹径茶语业主论坛"逐渐成为业主之间重要的交流平台。同年 8 月，万科收购南都并接手良渚文化村的开发；次年 4 月，代表开发商的客户经理注册论坛发帖与业主互动，建立了开发商与业主之间"非官方"的沟通渠道。第三方网络平台为业主与开发商的协商创造了即时而便捷的渠道，同时社区能人也在论坛上一展身手，例如网名"海老大"的作家、海洋学者赵丹涯、网名"奇思妙想"的资深媒体人王群力等，很快成为论坛活跃分子与社区意见领袖。

随着网络空间迅速迭代，论坛活跃度下降，业主日常交流转战到"微信群"这一新的社交媒体平台，这也反映了不同平台各自的优势和局限——

村集

例如论坛更有公共性，而微信群更具即时性。伴随文化村的陆续开发，新的社区活跃分子与意见领袖不断加入进来，譬如业主"Tony 大叔""黄豆麻麻"在微信群上发起社区居民之间搭便车的"北归行动"等，将各样的活动、社团、市集组织得有声有色。

2007 年 11 月，"海老大"在社区论坛发表了《竹径茶语村志》，其中有言："村有村约，但村约无字，无字则隽永，唯自省自重自爱自尊也。共乐乐，地位无高低，学识无深浅，身份无贵贱，崇平等，践和谐。"村志的书写既是对社区文化的认同，又是出于对社区治理的思考，"海老大"有感于在社区公共生活中看到的人性弱点，希望大家可以共同维护文化村的和谐。

作家的文采及其倡导的平等自律的社区精神一时引发了很多业主的共鸣，反响热烈。开发商顺势与村民代表一起挑选了一块巨石，将村志镌刻其上，置于竹径茶语小区醒目的位置。2008 年 10 月，村志碑正式落成，这不仅体现了业主的文化修养和社区认同，也体现了开发商与业主共同探索社区文化与社区共治的决心。

竹径茶语村志

杭城北四十余里，别闹市，入良渚，进竹茶村，顿觉翠色醒目，爽风扑面。无牧童，山却有弄笛之声；少渔舟，水但含唱晚之韵。如此净土，何必天上人间？

村于小溪之上，道边红叶含霜，荻花似雪，方悟尘世之喧嚣；村为楼屋之聚，夜临星空高远，娇月待妆，休叹人生之渺茫。村居，晨观朝云，暮听松涛，梦依小桥流水，魂追金戈铁马。看天涯，匆匆行程，难觅小憩之处；问苍穹，芸芸众生，皆为

劳顿之身。稍息，稍息，于村，枕五千年圣地冬夏春秋，阅十万里先人南北东西。一宵清眠，可长悠然之气，明日放歌，任潮起潮落，惟我从容。

村有村约，但村约无字，无字则隽永，唯自省自重自爱自尊也。共乐乐，地位无高低，学识无深浅，身份无贵贱，崇平等，践和谐。萍水相逢，俱为同村之民；把盏问酒，均系性情中人。幼吾幼及人之幼，老吾老及人之老，乐吾乐及人之乐，痛吾痛但不及人之痛。

此山此水此村此民，养气养身养德养心。得竹茶村一陋居，平生足矣。

以志！

村志引发热议期间，业主中的意见领袖进一步向开发商提议制定一份良渚文化村的"村民宪法"，用于村民们的自我约束。该建议在论坛上反响热烈，开发商也表示愿意全力支持配合完成意见征集和起草，而这份构想中的"宪法"遂被定名为《村民公约》。

在讨论会上，业主们提出良渚文化村的居住品质和居民素养体现在行为文明，也提到了宠物、停车、公共活动等诸多方面的问题。万科客户关系部门连同志愿者业主，在论坛中一条条梳理投诉和建议，汇总召开业主座谈会，提取意见。经过多轮沟通，拟出一份草案，共计 50 条约，又经过再三斟酌修改，缩减至 32 条。

2010 年 9 月底，针对这 32 条公约，万科面向良渚文化村的全体业主开始了征询工作。征询函上这样表述："我们将塑造一个当代中国理想小镇的行为样本，践行人与自然、人与家园、人与人无限尊重的可能。"在《村民公约》的制定过程中，万科坚持在老业主里找参与者，激发他们对社区的感情。"其实每一个人的内心都是向往真善美的，只是我们

队伍＋有文明素养的社区居民＋有担当、高效的社区政府＝有结果、可持续的项目。除了围绕垃圾分类推广中心开展的垃圾分类活动，良渚文化村还通过其他多种参与方式，凝结多方力量合力推进，进而形成了垃圾分类宣传、服务与回收的闭环。例如2015 年 12 月，废旧物资回收平台"虎哥回收"正式落户良渚文化村，开创了垃圾分类市场化运作与政府扶持监管相结合的新模式。通过线上网络平台和线下物流体系相结合的模式，将生活垃圾分类回收与社区居民的生活消费相结合。居民回收干垃圾可以获得每公斤 0.8 元环保金奖励，环保金可以在虎哥便利店兑换生活用品。同时，通过互联网技术，虎哥回收实现了呼叫上门回收，成功打造了一条"家庭垃圾袋—小区服务站—清运车—分选总仓"的回收路线，居民对垃圾分类的知晓率、参与率、准确率也得到明显提升。目前，虎哥回收已全面覆盖良渚文化村。

规范社区生活——共享单车的文明出行

随着共享单车的普及，乱停乱放、人为破坏共享单车给小区的环境与管理带来了新的挑战。文化村的村民意识到，文明骑车、正确用车理念的普及，不能单单依靠小区物业的强制性管理，而应该从自己做起、带头引导。2017 年，良渚文化村村民组织了一场名为"同心同行、文明骑行"活动，给很多社区规划管理共享单车提供了样本。

活动现场，政府、媒体、单车企业、志愿者等代表以"文明最后一公里"为主题开展了一场沙龙探讨。同心圆志愿者服务联盟还倡议，将文明骑行的内容加入《村民公约》："我们承诺文明使用单车，按序摆放，不破坏、不私占，积极倡导文明共享

精神。"

不仅如此，来自良渚文化村的同心圆志愿者还向社区成员发出倡导：做文明骑行（停放）的示范者、监督者、传播者——比如，在使用共享单车过程中，遵守交通安全、城市管理等规定，不闯红灯、不逆行、不闯机动车道、不追逐打闹。见到乱停放的共享单车，做到自觉扶起并停放好，及时劝阻、制止破坏共享单车的不良行为，并检举故意破坏、经营者违规收费等行为。良渚文化村在整个社区范围内划定了专属共享单车停放点，还与共享单车企业共同布置"单车智能停车点"电子围栏系统。

孙晶晶是良渚文化村业主，也是村里的志愿者。暑假开始的第一天，她带着 11 岁的儿子孙哲昊利用空闲时间在社区做共享单车文明停车志愿者。"我们把共享单车摆放整齐，既保持了社区的优美环境，又方便了大家用车，而且我带着孩子一起做志愿者，对他也是一种教育和引导。现在他看见乱放的共享单车也会主动去摆放整齐。"

媒体人俞柏鸿在活动现场对良渚文化村的这种有效引导大加赞赏："大型的居住小区，是应该让共享单车进入的，共享单车给市民群众带来了十足的便利。简单粗暴地拒绝进入，是为了方便物业方的管理。如果共享文明和共享单车能做到同频共振，那么骑行让城市更美好，就真正实现了。"

从健康出发，将体育融入生活——跑村赛

运动与健康是万科的企业文化之一，社区也广泛举行以"健康、快乐和公益"为宗旨的非商业性、非竞技类全民健身活动——"乐跑"。良渚文化村在规划设计中重视全民健身设施，铺设了不少专业塑胶跑道，一条从白鹭郡东到柳映坊，另一条在滨河

良渚文化村首届村跑赛

公园、秋荷坊组团的东面，总长各约1公里。跑道建成后，每天自发跑步的业主越来越多，在整个村里营造了一种非常良好的运动风潮。

良渚乐跑团成员超过300人，他们定期至大雄山跑步，同时捡拾被丢弃在山上的垃圾。跑步活动还发展出了一年一度的"跑村赛"。首届跑村赛于2013年10月举办，主办方设计了几组赛事，分别为：全长5.4公里的达人赛、全长3.5公里的情侣跑、全长1.5公里的家庭赛，此外还有以趣味为主题的宠物障碍跑。报名参赛者超过500人，都是文化村的业主和企业员工。村跑赛不设年龄限制，只要符合健康测试标准者均可参加，蓬勃的社区运动文化使良渚文化村处处充满活力和激情。

发现社区领袖——组织社团活动

良渚文化村社区还有着丰富的社团活动，都是由文化村内部的"社区领袖"自主发起成立的。例如，Wendy、Jack夫妇，作为在文化村定居的"新杭州人"，利用自己的爱好为社区组建了一支志愿棒球队，这也是目前全国唯一的社区自发组织、以公益形式存在的棒球队。棒球队不以竞技为目标，主张"亲子棒球、社区棒球、快乐棒球"的理念。社团活动都是免费参加的，但有一个规定，就是每次活动，家长必须和孩子一起参加，并且爸爸们一定要先加入进来，早上参加训练，下午再由爸爸组成的教练团来训练孩子。如今这支社区棒球队已是全国有名的棒球队伍，不仅参加了全国青少年棒球公开赛，还在Wendy和Jack的牵线下前往台湾地区参加交流赛。

目前文化村内部由村民自发成立的社团不下30个。除了棒球队以外，还有腰鼓队、民族舞队、村妞队、京剧队、合唱队等。正如社区书记徐一峰所说："文化，已成为社群间沟通的纽带。"村民们在固定时间聚会，亲近感油然而生。

传承中国传统——腊八节施粥

腊八节煮腊八粥是中国的传统习俗，每逢这一天，很多家庭也会前往附近的寺庙求一碗腊八粥，以祈求家人平安。从2013年起，良渚文化村的志愿者们也开始自发地组织熬粥、派粥活动。第一年是

良渚文化村棒球队

"爱满腊八"施粥活动

在大雄寺，经费也是由居民"化缘"而来，很多志愿者主动参与提供帮助，与物业与客服部一起进行材料准备、煮粥、运送、派粥。这项传统就这样延续了下来，而随着入住文化村的人越来越多，腊八粥的数量也在每年递增，于是新街坊的商户们自发行动，由同心圆志愿者牵头，万科新街坊、客户关系中心、物业、良渚文化村社区公益基金会等多方联动，增加了派粥的数量与地点。如今每逢腊八节，大雄寺都会在寺院进行相应的施粥工作，除此之外，同心圆志愿者们也会联合村民食堂、江南驿、知味观、本家食养、真味餐厅、四叶草餐厅等本地爱心店家一起，共同熬粥、派粥，为村民送去一份爱的温暖和祈愿，让大家在节日气氛当中获得一种仪式感和归属感。

另外，每年农历春节前，良渚文化村各小区也都会举办形式不同的邻居众筹迎新会，以几十桌流水席——百家宴的方式传递满满的邻里情，菜品丰富，别具风味，也让大家得以重温旧时大家庭、大村落的味道。

从社区服务到文化输出："大屋顶"运营探索

从社区营造的视角，居住区是一个小的社会形态，它需要文化传播及舆论引导。

良渚文化村从开发初始就有很明确的理念与蓝图，最初优秀的地块条件与贴合的开发理念吸引了一部分"志同道合"的购房者，他们对于这种归园田居式的理想生活有着充分的理解与向往。2006 年，这一部分业主自发在网上开通了论坛，大家各抒己见，也由此产生了一些社区意见领袖，深受大家的尊重。尽管论坛有着很强的民主性，但是随着开发进程的推进，住进良渚文化村的人越来越多，人口组成也越发多元化，论坛不再是社区凝结的最佳催化剂，业主们在社区价值观上很难达成共识，也无法决定社区发展的方向了。

承载价值理念的《万科家书》

2009 年前后，有业主提议，是否可以在良渚文化村做一本杂志。当时互联网并不发达，用一本纸质杂志作为载体去宣扬良渚文化村的价值理念是非常合适的。良渚文化村是一个倡导美好生活的地方，将文化村内一些美好的人、事、物以图文并茂的方式呈现出来，能够潜移默化地引导公众，比起生硬的宣传标语也更具画面感、亲和力。

《万科家书》团队就此成立，其初心很简单，就是将邻里间亲善的小事、美好的生活故事记录下来，并向万科的业主及相关媒体、企业、政府部门赠阅。最初，《万科家书》每期的印量大约有 5000 本，到了 2016 年的时候达到了 3 万本，足见其受欢迎的程度。同时，它也不再被局限为一本纯粹由开发商主导的杂志，更多的业主也参与到杂志策划、文章撰写的过程中来，《万科家书》变成了大家共同参与完成的一个成果。

《万科家书》成了社区邻里之间交流的平台。比如社区里有非常擅长养花的"达人"，可能这件事只有他身边的亲朋好友知道，但是通过《万科家书》这个载体，街坊邻居会发现"我的邻居是这么厉害的人"，这个人可能就此成了小区里的名人，喜好养花的人也会慕名而来，大家可以快速熟悉起来，共同建立起社交圈。随着滚雪球的效应越来越大，这样的案例也越来越多。

《万科家书》带来的良性化学反应远不止于此，或许万科自己一开始可能都未曾想到，开发商与文化村的居民建立起了良性的互动，《万科家书》的编辑团队也在采编的过程中结识了文化村社区中很多有趣、有才华的人，促成了文化村内部一些民间社团的成立，还组织举办了村民日、市集等各种村内活动。可以说，以杂志为中心，文化村逐渐形成了一个丰富的社区文化生态圈，并且通过《万科家书》的舆论引导，良渚文化村内部的社区导向性也越发明显，形成了更强的凝聚力。

从纸质杂志走向实体空间

在良渚文化村，纸质版的《万科家书》坚持做了很多年，其间深度挖掘了很多社区故事，建立了人际网络，也形成了相对成熟的社区生态。随着时代的发展和互联网的普及，一本纸质杂志的存在价值和其高昂的成本支出越来越不成正比——每一期杂志从采编到印刷，前后需要一个月左右的时间，信息的更新速度也比网络平台要慢。因此到了2015年，做纸质杂志的同时，《万科家书》也在慢慢迭代，包括建立起了自己的微信公众号。

同年，由建筑大师安藤忠雄设计的良渚文化艺术中心落成，并于2016年正式运营。作为文化村内

《万科家书》

部一座地标性的文化建筑，良渚文化艺术中心具有美术馆、图书馆、剧场等多样化的功能，又因为建筑外观笼罩在一个巨型屋顶之下，被人们称为"大屋顶"。正是借由这个契机，社区的文化核心从杂志这个载体位移到了良渚文化艺术中心的实体空间中。围绕良渚文化艺术中心的建筑，《万科家书》的团队开始做一系列社区文化生态的衍生，包括分享类的沙龙、展览等，把原来停留在纸质层面上的内容带入了实体生活中，让人与人面对面的精神联结更加触手可及。

物理空间的适时出现为社区生态的提升提供了更多的可能性，比如擅长绘画的村民可以在这里办展览，擅长乐器演奏的则可以办演奏会。另外一些已有的社区空间，例如村民书房，也被重新整合到了"大屋顶"之中。纸质版的《万科家书》自此完成了它的历史使命，其编辑团队现在则全部转化为"大屋顶"的运营团队。

如今再来看"大屋顶"，一方面它已然成了良渚文化村的精神堡垒，让村民们对文化村社区的自豪感油然而生；另一方面，它也在这个过程中从一个社区文化高地，慢慢演化成了城市的文化地标，甚至成为全国知名的文艺地标。这一不断演化的历程，表面上是从一本杂志跃升成了一个物理空间，但实际上它是有迹可循的，其背后团队、基础价值观一脉相承，长时间的投入与积累更是不容忽视的。

大屋顶沙龙

大屋顶展览

"大屋顶"文化品牌走出良渚文化村

每一座城市都一定会有自己的公共空间与文化场所，而它们存在的意义一定是吸引公众参与，从而打造独特的地区文化生态。在这些层面，良渚文化村做了很多尝试，总结了很多经验和方法，值得分享出去。秉承这样的想法，大屋顶文化于2016年6月成立，以展览、表演、阅读三方面为主要内容，联合海内外艺术机构，探索文化产业运营模式。

自成立起三年的时间里，大屋顶文化已组织各项艺术活动逾600场，并逐渐扩展至万科杭州的其他项目，累计接待观众及游客超200万人，重点打造了"大屋顶樱花季""大屋顶仲夏夜""大屋顶·西戏演出季"系列活动及演出。

2018年3月，大屋顶文化和高晓松共建公益图书馆"晓书馆"，由高晓松担任馆长，推广公益阅读，并且向社会大众免费开放。晓书馆藏书5万册，均由高晓松及其团队亲自挑选，以文史哲类图书为主，兼顾艺术书和学术书。借助文化名人的影响力，"大屋顶"下的"晓书馆"已成为全国知名文艺地标。

谈及建立图书馆的初衷，高晓松说："其实每个人心里都有一亩田，这个田里可能种其他的什么都不长，它就只长花，永远想开花。我希望来晓书馆的人们可以在这里找到心里的这亩田，从这里生长出只属于你自己的东西。我想做一个图书馆，希望这里可以满足人们成为更丰富的人、更具审美力的人的全部需要，这是一件很美好的事。分享阅读是恒长的事业，不是一个发布会或是一时的宣传，它是一件需要投入巨大精力和热情持续去做的事情，它很重要，甚至是我下半场人生中最重要的事。这是我的一个梦想，我希望把它做好。"

"大屋顶"正在从一个实体空间开始向综合性城市文化服务发展，团队接下来将要承接位于良渚新城的未来之光·光剧场、黄龙万科中心剧场等一系列文化艺术空间的运营工作。晓书馆也已走出杭州，于2019年11月在南京开设了全国第二家图书馆。在大屋顶文化的规划愿景中，有一条是"激活社区、联结社群，无论写字楼还是传统街区"，即跳出"社区"的限制，聚焦更广泛的"社群"，拓展更多形态、更多方式的文化推广与服务。

"大屋顶"的七个主张

1. 探索先锋文化和艺术。
2. 激活社区、联结社群，无论写字楼还是传统街区。
3. 不只是艺术平台，更是思想发声地。
4. 与一切想认识的人在沙龙。
5. 成为志愿者，同心者同行。
6. 在书与非书之间，发掘更多的阅读可能性。
7. 让好电影遇上对的观众。

杭州晓书馆

南京晓书馆

社会力量办文化

党的十九大报告指出："满足人民过上美好生活的新期待，必须提供丰富的精神食粮。""大屋顶"品牌的阶段性成功也体现了眼下"社会力量办文化"的趋势，而且投身文创领域的团队、企业和个人也越来越多，体现出了很强的灵活性与自主性，将对促进全社会文化事业的发展起到重要作用。

良渚文化村从《万科家书》到大屋顶文化的社区品牌塑造之路，体现出了很强的时代性与前瞻性。首先，其审时度势的战略调整紧跟了时代发展的趋势。良渚文化艺术中心的张炎馆长认为："我们碰上

了一个好的时代——2010年立项，2015年良渚文化艺术中心建成，2016年开馆。客观来看，在几年时间里，整个市场环境、市民的消费水平都有了大幅提升，对于文化层面的需求也越来越多，文创产业从而成为大家越来越关注的一个行业……所以在这个大的趋势下，'大屋顶'才可以走出去，做到现在的局面。"就杭州的城市背景来说，快速的城市发展、2022年亚运会的筹备，甚至其以审美为导向的内在基因，都对文化、艺术类的内容有着巨大的需求，也成为"大屋顶"发挥自身品牌价值的绝好机会。其次，良渚文化村的社区文化运营，作为一种服务理念与价值观，也与万科近几年打造"城乡建

音乐人小河在良渚文化艺术中心开展"寻谣计划"杭州站第三回

大屋顶仲夏夜

设与生活服务"的转型方向同步契合。

"大屋顶"作为以企业为主导的文化运营机构，必然要以市场经济为顶层逻辑，达成盈亏平衡的闭环，否则是不可持续的。现实中很多文化空间很难赢利，为了保证收支平衡，会采取只承接支付租赁费用的活动，平时甚至不对公众开放的运营模式。"大屋顶"每年会举办多达 200~300 场活动，且大多数是公益或者众筹性质的。多样化的活动也为空间带来了人流量和品牌知名度，团队借此尝试进行一些开拓，包括衍生品的开发、场地的商业租赁等，在无损到访者体验与利益的前提下，达到盈亏平衡，形成了良性循环。不仅如此，开发商在保证收支平衡的前提下，通过社会公益价值的实现亦拥有了亲民、良好的社会形象，同时增加了自身的市场竞争力。"大屋顶"在这个过程中，立足于综合性文化平台的定位，充分发挥自己积累的经验，包括文化空间的运营、文化活动的内容策划与资源整合优势，在社区-社群领域里找到了自己独特的生存方式与市场价值。

■ 附：作品 7

劝学公园：
寓教于乐的见学景观

在设计之始，劝学公园被定位为良渚文化村的西南门户。公园南北向 260 米，东西向 90 米，结合新建道路，连通了杭州城市道路东西大道和文化村主要道路风情大道。公园所在区域北高南低，东侧是学校，西侧为新建商业与住宅组团，南侧是城市道路东西大道，北侧为原始山体。

在项目推演过程中，设计师首先关注的是场地的"体积感"。原始场地非常低洼，从周围道路看过来基本上一览无余。但是这里要成为新的公园、区域的门户，设计师希望它有一定的体量感，于是通过土方平衡重塑地形，使北侧山体的感觉绵延到公园里。

项目概况

项目类型	社区公园
设计 / 建成时间	2016 年 4 月 / 2018 年 1 月
景观设计单位	上海张唐景观设计事务所
艺术工作室	刘洪超、郑佳林、范炎杰 胡一昊、孙川

劝学公园内的星球温室 © 张海

劝学公园航拍图

公园名为"劝学"，来源于旁边的学校，正好和learning landscape（见学景观）意思一致：公园不仅是一个放松休闲的地方，还有寓教于乐的功能。

公园的主要人流来自三个方向，其中两个是街对面的商业设施，另一个是东侧的学校。公园在功能上充分满足"室外课堂"的需求，让学校师生很方便到达公园内的生态农场。基于人流分析确定了公园三个入口的位置，以及三条感知公园的路径。

从西北侧入口进入公园，伴随行走路径的是科学认知墙，将近100米长、2.3米高的锈板墙上阴刻着从宇宙到细胞的图形与知识，让原本简单的边界多了一个观看的层次。人们缓缓绕过主体地形，抵达星球温室，空间豁然开朗。

西南入口呼应商业主入口，进入公园后是自然认知区域，利用立面和高差处理，把原有的水泵站藏在冲孔钢板墙后边，把人的注意引向降阶而下的樱花林。穿林而过的观鸟台同时也是无障碍坡道，沿着台阶和坡道可抵达整个项目的最低点——湿地花园，全区雨水通过雨水沟汇集于此，滞留并净化。

东侧入口毗邻学校，此处设置了生态农场，采用互动灌溉装置给植物浇水；另一侧林荫场地下，设计了互动水景喷泉，可借助动力提升改变曲折水溪的流水方向。

公园的制高点隐藏了一个"彩蛋"，打开"彩蛋"的唯一条件是阳光。阳光下投影所抵达的位置是时间坐标，整个设计由此体现了不同的维度。

使用者是公园真正的主人，希望有一天，良渚文化村的小主人们会意识到这个公园的价值，成为照顾公园的主人。

大屋顶文化与良渚遗址管理区管理委员会、浙江省文物考古研究所共建的公益文化空间"莫角书院"

莫角书院开馆

良渚文化村推荐游览路线及景点

❶ 良渚君澜度假酒店

占地273亩，半拥白鹭湾，是一家兼具新古典主义风格与东南亚风韵的主星级度假酒店。

❷ 茶语公园

总占地面积约4.8万平方米，内含多种类型的体育设施及各种青少年拓展游乐设施等。

❸ 白鹭湾公园

万科良渚文化村皮划艇俱乐部主要活动地址。

❹ 大雄寺

始建于东汉年间，择址"松径深邃，曲径通幽"。于2014年1月1日修建一新，对十万信众开放。"因寺成村"的东西方信仰在这里融合。每年腊八节，村民会自发组织去大雄寺做义工。

❺ 白鹭公园

体育运动主题公园，有若干户外儿童活动设施，塑胶跑道将其串联起来。

❻ 滨河公园

良渚文化村滨水景观公园，业主休闲运动主要场所之一。

❼ 良渚文化艺术中心

由建筑大师安藤忠雄设计。整体分三大功能区域，南侧为拥有美术馆功能的展示栋，北侧为拥有培训室等教育功能的教育栋，中间为拥有阅读大厅和图书馆功能的文化栋，三栋建筑排列在"大屋顶"之下，成为良渚文化村的象征性景观，不定期举办各种艺术活动。

❽ 玉鸟流苏创意产业园

玉鸟流苏商业街区被誉为小镇客厅，村民公约锈板、良渚食街、美丽洲堂、创意办公园区等均坐落于此。

❾ 美丽洲堂

2010年12月25日落成。有集成木结构的主拜礼堂，朴素的混凝土立面，白色花岗岩广场，通过简单的平面、广阔的内部空间，让光线和自然流动其中。

❿ 良渚玉文化产业园

现代玉石文化展示交流传播之地；集玉石文化的研究、推广、会展、休闲为一体的文化园区。

⓫ 良渚博物院

常设展览主题为，良渚遗址是实证中华五千年文明史的圣地。院内共展出良渚文化时期玉器、陶器、漆器等珍贵文物2000余件。充分运用声、光、电等现代展示技术和展示材料，分别从考古研究良渚文化、再现良渚古国、揭示良渚文明三个方面，向公众传播发现良渚遗址→认识良渚文化→确立良渚文明的考古认识历程，以及良渚文明在中国和世界同时期或同类文明中的重要地位。

⓬ 良渚古城遗址公园

面积约14.33平方公里，包括城址区、瑶山遗址和外围水利系统遗址。城址区是公园的核心部分，由宫殿区、内城、外城组成，呈向心式三重布局结构，古河道贯穿其间。瑶山遗址是一处祭坛和高等级墓葬的复合遗址，属于良渚文化早期。外围水利系统是中国迄今发现最早的大型水利工程遗址，也是目前已发现的世界上最早的低坝系统之一。

⓭ 美丽洲公园

水草丰富的自然生态公园，与良渚博物院组成了808亩的"大美丽洲"旅游中心区。

⓮ 矿坑公园

公园由废弃矿坑改造而成、包含花海、草坪、茶园、儿童探险中心等内容。

⓯ 彻天彻地童玩探险中心

彻天彻地童玩探险中心七贤郡旗舰店，总面积近3000平方米，是集室内探险游玩、儿童职业体验、特色培训等为一体的大型童玩综合体，适合3岁以上儿童及成人探险游玩和亲子互动。

中国美术学院
China Academy Of Art

■ 附：作品 9

良渚君澜度假酒店：山水间的旅居体验

良渚君澜度假酒店位于良渚文化村北部旅游休闲板块的核心区，是一个集餐饮娱乐、休闲健身、会议住宿等多种功能于一体的度假酒店。酒店位于自然山林坡地，植被葱郁，山水澄明，空气清新，宁静幽奥，景观储备丰厚。

酒店设计充分利用自然景观资源，尽量保持原始的自然状态，适当改良地形地貌，依洼地扩大水体，植竹木屏蔽国道。建筑匍匐于地面，随形就势，自由蜿蜒。坐拥得天独厚的景观条件，必须充分尊重之、利用之、融入之。酒店采用肢状伸展的布局，从而让人最大限度和全方位地享受景观。

项目概况

项目类型	度假酒店
设计 / 建成时间	2005 年 12 月 /2008 年 4 月
总用地面积	18.3 万平方米
总建筑面积	7.34 万平方米
设计单位	浙江大学建筑设计研究院
主要建筑师	董丹申、陈帆、吴璟、钱海平

院落使建筑与自然环境互相渗透，院落空间介于自然空间与建筑空间之间，成为纽带，形成过渡。开敞、半开敞，围合、半围合，大小不一、尺度各异的院落镶嵌在总体布局之中，构成丰富的局部再造景观，这也是对传统院落概念的一种回应。

平面布局上，不乏独具匠心的特色区域：前台大堂区跨度 16 米，屋脊高 15 米，采用两层通高采光中庭；餐饮会议区呈台地式布局，下半部临近水面，景观宜人；娱乐区与大堂、客房连以敞廊，漫步其间，步移景异；健身区开敞明亮，游泳池内外结合，各撷其趣。

客房是酒店的细胞。大多数客房以一室一厅为基本型制，而庭院的镶嵌又为厅带来了自然光和自然风。客房采用大尺度开间进深，空间宽敞舒适；环小庭院布置，一室一厅，室明厅亮，景观、采光、通风三者均好；卫浴设计采用开闭可调式，既满足私密性要求，又可使室外景观渗透到室内每一个角落，充分显示出休闲酒店的个性特征。总统套房位于尽端，免受干扰。套房内配有秘书房、书房、餐厅、厨房、起居厅、会客厅、夫人卧室和总统卧室等

良渚君澜度假酒店鸟瞰

良渚君澜度假酒店外观

教室走廊 © UAD

学校楼梯与公共空间

在地安养与社区融入

我国已进入老龄化社会，然而社会对养老的认识与资源配给仍在起步阶段。良渚文化村以随园嘉树为起点，从"地产"转向"服务"，逐渐发展出一套社区养老的观念、服务体系和相应机构。从产业角度，企业的参与使得社会福利问题的解决方案更加多元化；从社区角度，随园嘉树案例证明养老可以成为社区营造、社区融合的积极因素。良渚文化村将养老事业充分融入社区生活，与社区内的学校、文化中心等机构和团体开展积极互动，不仅为长者提供周全的服务，更激励他们在社区中发挥余热，实现自身的价值。

全面构建社区养老体系

良渚文化村的随园嘉树是万科在养老领域种下的第一颗种子。深耕养老领域 10 年以来，随园嘉树逐步形成了社区养老服务体系，包含随园嘉树（老年公寓）、随园护理院、随园智汇坊与随园之家等模式，回应多元化的社会养老需求。

随园嘉树是"邻里式"长者活力社区，主要针对自理型、活力型老人，以租赁的方式运营。园区内无障碍通行，配有健康管理中心、餐厅、多功能室、电影放映厅、常青树学院（老年大学）、咖啡厅、图书馆、健身馆、理发室等功能区域。随园嘉树的运营方式是使用权租赁，租期为 15 年。运营中注重社区属性，在保障长者的基础居住需求之外，随园嘉树构建了社区化的功能区块，如开辟各功能区，举办各类社区活动，推动社团发展，鼓励长者扩大社交等。

随园护理院是随园旗下"家庭式"长者康复护理中心，凭借专业的医疗护理康复团队，为术后康复和失能长者提供日常护理、康复治疗、基础医疗、生活照顾、精神娱乐等医养服务。护理院引入 RACGP（澳大利亚皇家全科医师协会）、AACQA（澳大利亚老年护理质监局）权威服务标准，并与浙江大学医学院附属邵逸夫医院、浙江大学附属第一医院等多家医院合作，开通就诊绿色通道，实现快速转院。随园护理院注重医养结合，入住者不仅能在此享受专业的医疗康复护理服务，而且能够获取生活、心理上的照护。

随园智汇坊是随园旗下开放型社区嵌入式养老机构，是聚焦对介护有刚性需求的长者，并辐射居家长者的养老服务中心。随园智汇坊提供全托照护、康复理疗、医疗保障、文化娱乐、长者餐饮及旅游旅居等全方位的医养服务，对全社区开放，长者可以选择前往智汇坊接受服务，也可预约上门照护服务。长者在这里，既不远离家庭，也不脱离社区，能够在原有的生活圈内接受养老服务。

随园之家是社区居家养老服务中心，与政府合作，依托社区日间照料点推出居家养老服务项目。随园之家提供站点和专业人员上门两种服务形式，站点为社区长者提供健康管理、康复理疗、老年餐饮、文化娱乐及老年旅游等服务；专业服务人员上门提供居家照护、康复理疗和健康管理等居家服务。

随园嘉树风雨连廊

随园嘉树健身房

细微处见真章，适老性环境设计

不同于一般的住宅和酒店，养老机构的空间与环境设计需要充分了解并适应年长者的身心特点。一方面是严格遵循无障碍及养老设施的相关规范，

一方面是参考先进国家及地区的运营经验，在细节上体恤长者的身心需求。

随园嘉树共有17栋5层高的建筑，包括养老公寓，以及CCRC（持续照料退休社区）护理院、医院门诊部、老年会所等配套设施。园区最大的特色是无障碍通行，整个小区坡道标准按照《老年人建筑设计规范》执行，并设有风雨连廊，使日常户外通行不受气候影响。

公寓共有三类户型，分别为一房两厅（75平方米）、两房两厅（100平方米）及三房两厅（110平方米），并且每户都拥有超大阳台，供赏景、养花。每个单元均配置了担架电梯，公共走道净宽不小于1.2米，两侧都设有走廊扶手；电梯等候区都有休息座椅，入口平台宽度不低于2米，均设有无障碍坡道，以方便长者出行。

居室的室内设计采用适老化设计，配有智能化家居系统，给予长者居住的舒适体验。屋内设有地暖、中央空调、直饮水，卫生间有暖足机、卫洗丽等；安全方面，设有不活动通知、一键紧急呼叫按钮、应急灯、小夜灯、扶手、防滑地砖、插卡取电等设施与设备。

随园嘉树

随园嘉树图书馆

以"服务"为核心

国内养老行业起步不久，由于从业者观念与资源的局限，大量老年公寓实质上延续了传统房地产的思维与操作。随园嘉树突破地产销售模式，以提供高品质特色养老服务为核心，90% 的房源为经营者自有，只租不售，入住者一次性支付长期房租，每月支付服务费。这一模式为居住者带来了更大的选择空间，也为经营者保证了提供持续服务的经济循环。

秉着"为长者服务"的养老观念，随园嘉树将重心放在了提升核心服务能力上，提出 36.8℃ 标准服务体系[1]。2019 年，随园嘉树园区内 615 套养老公寓与 120 个随园护理院床位全部满租候租，充分证明该模式的适用性。

随园嘉树的核心是服务，围绕这一内核构建园区内的一切硬件软件配置，不断探索长者的身心需求，从细节着眼，提供精细化客制化的服务，例如：

（1）24 小时管家服务，长者事无巨细都可以找管家。

（2）365 天 24 小时 5 分钟应急响应机制。园区随处可见紧急按钮，一旦按下，警铃作响，在 3~5 分钟内（黄金救援时间），三位工作人员必须到达报警地点：第一个是安全员，拿机械钥匙；第二个是健康管理师，带急救包；第三个是管家，负责及时找到紧急联络人。

（3）健康管理中心则提供除治疗之外的健康咨询与服务。随园提出长者在老龄化过程中有两类需求，即"医疗需求"和"保健需求"。在医疗需求方面，针对紧急情况设立"5 分钟应急救援机制"，中心人员在黄金抢救时间内实施院前急救，并根据疾病危重程度，快速转诊转送至就近医疗机构或绿色通道合作机构。在保健需求方面，健康管理中心通过收集和评估与长者生活质量相关联的信息，提供紧急情况救助、建立健康档案、慢病管理、健康指标监测、心理干预、适老化运动干预、营养饮食调节、定期专家义诊等服务，承担了家庭医生的职责。

（4）"应时膳食，因人定制"的餐饮理念，从安全性、营养性、丰富度、适老化四个方面进行提升。在安全性上，食坊定期对餐具、蔬菜的农药残留情况进行检测并公示。在营养性上，食坊聘请专业营养师搭配菜品，推出了二十四节气养生菜品。在丰富度上，食坊每周提供不少于 180 道的菜品，配有打分激励机制。在适老化上，食坊根据老人的身体状况进行菜品搭配及菜品定制服务。

社区融入

随园嘉树（及其衍生品）不是建在围墙内的独立设施，而是和更大范围社会公共生活互动相融的一处"社区中的社区"。

在随园嘉树社区内，还有一所极具青春活力的老年大学——常青树学院。学院除设有 16 门固定课程外，还助力长者建立了 20 多个兴趣社团，摄影、读书、瑜伽、太极、越剧、绿植、绘画、书法、钢琴、模特……种类丰富，涉及范围甚广。此外，通过与周边院校建立长期的"老少陪伴""口述历史""随园大讲堂""闪闪红星""大有聊头"等多形式输出和社会联动，让长者真正实现有所学，有所

---

① 随园不断探索长者的身心需求，发现长者的体温比青壮年低零点几度。随园以这点滴温差来定义养老服务标准，独创 36.8℃ 养老服务标准体系，从适老化设计、周全配套、一站式服务、缤纷生活 4 个服务模块、165 个服务细节着眼，为长者营造安适舒心的晚年生活。

乐，有成就，有价值。

　　"随园提供了一个很好的平台，让我们抱团养老，打开房门就是一个大家庭，遇到志同道合的伙伴，不再感觉到孤单。我们很乐意在这个地方住下去。"随园嘉树里的明星歌唱组合"85后老男孩"说道。组合里共有四位老人（汪德钟、梁文海、汪浙成、王竞），年龄最大的94岁，最小的81岁，平均年龄将近85岁，因此被戏称为"85后老男孩"，而共同的唱歌爱好让他们走到了一起。2015年，他们在随园嘉树的"春晚"登台献唱一曲《一切因你》（*You Raise Me Up*），成功吸引了全场关注，成为"网红"，登上了中央电视台《回声嘹亮》节目，收获了大批粉丝。像"85后老男孩"组合这样充满青春活力的老人并不是个例，几乎每一位住在随园嘉树的老人都能找到属于自己的"青春设定"。正如随园工作人员所言："在随园，过有尊严、有梦想的生活将会是一种常态，长者们都是生活上的明星，而我们的理想就是把这种生活方式传播给全杭州乃至全国的长者。"

　　从社区规划的角度，随园嘉树在设计之初即纳入养老需求，充分整合与调动社区资源完善整个社区的养老体系，同时赋予了社区新的动能。随园嘉树的落地，将养老与社区紧密结合起来，满足了"0～100岁"全年龄段的生活需求，实现了宜居构想，也给老龄化社会中的机构养老、居家养老和社区养老的模式提供了可借鉴的蓝本。

"85后老男孩"

■ 附：作品 11

随园嘉树长者社区：家庭邻里式的养老探索

随园嘉树位于良渚文化村的核心地段，周边已建成了若干住宅项目及度假酒店、博物馆等公共设施，环境优美，配套成熟。立足于良渚文化村的成熟环境，着眼于为长者提供高品质的服务，该项目旨在打造轻松舒适的长者乐园，并从产品结构、环境营造、生活照护及文化娱乐等方面，对养老产品设计进行了积极探索。

随园嘉树由 16 栋老年公寓、1 栋配套"随园会"，以及 1 栋随园护理院组成。其中老年公寓有 615 户，主要供 60 岁以上的"活跃长者"、健康老人日常居住；4500 平方米的"随园会"配套设有景观餐厅、健康管理中心、老年大学教室、阳光阅览室、多功能厅、健身房、棋牌室、茶吧、影音室等功能分区，为长者提供活动场所和全方位服务；随园护理院康复护理中心则是万科打造的首个全天候"家庭式"康复护理机构，建筑面积约 5000 平方米，设护理床位 120 张，依托专业的医疗、护理、康复团队，为术后康复和失能长者提供日常护理、康复治疗、医疗保障、生活照顾、精神娱乐等养老服务，同时提供用药管理、检查、诊疗、康复等专业项目。

基地西南侧临山，东侧毗邻文化村主干道。整体规划顺应基地西高东低的地势，将场地处理成为几个台地，利用台地高差，形成沿山层叠的丰富天际线，同时顺应地形设置配套公建和地下车库，将地面资源最大限度让给绿化和活动场所。

北侧入口两侧种植密林，到达片墙围合的配套公建的主入口广场时又豁然开朗，并由此进入主要活动空间——随园会。通过轻松自然的密林主道与对称稳定的红砖广场的切换，入口的空间处理从容安定而不乏仪式感，符合长者对环境清静庄重的心

项目概况

项目类型	养老公寓、护理楼
总用地面积	6.39 万平方米
总建筑面积	6.39 万平方米
总户数	615 户
方案设计单位	上海中房建筑设计有限公司
施工图设计单位	浙江省建筑设计研究院

随园嘉树入口广场与中轴线俯视 © 吕恒中

理预期。

　　随园嘉树整体采用"一个中心，两条轴线"的规划结构，以掩土的配套公建为中心，形成东西和南北两条轴线。南北轴线由一层的接待大厅、休闲吧、中心庭院、老年人活动教室等串联起来；东西轴线将曲形景观步道、迷你剧场、一系列围合的室外庭院、组团中心绿化联系起来。各个组团均能共享这两条十字轴线串联的景观资源，这些资源均通过风雨连廊与每个老年公寓单元连接，并配备了景观电梯，使长者在恶劣天气里仍可无阻碍地通往

随园嘉树总平面图 © 中房

中央活动会所，也为他们提供了一个遮风避雨的漫步场所。沿风雨廊设置了丰富的休憩空间和座椅等设施，方便体力较弱的使用者随时休息，也提供了更多交往空间。

亲近自然的设计也从公共领域延续到私人领域。每个单元的门厅旁都设置了入户小庭院，作为过渡空间，鼓励邻里交往，也为出门和回家的日常体验增添了情趣。老年公寓采用超宽阳台，为长者们栽花种草提供了充裕的空间，也给户内小环境增添不少绿色与生活趣味。

在细节设计上，随园嘉树以联合国长者照护五大原则（独立、参与、关怀、自我实践、尊严）作为构建养老公寓服务体系的基石，关注长者身、心、灵全方位需求。从进入随园嘉树开始，全区主要道路坡度基本控制在5%以内。配合通达全区的风雨廊系统设计，既解决了山地建筑的无障碍问题，又为老人下雨天出行提供了便利。各单元信报箱结合风雨廊度身设计，其高度更适合长者使用；每个公寓单元的公共会客厅方便长者休息等候和邻里交流；电梯均采用无障碍规格；入户置物搁板和超宽玄关的设置，也更适合长者入户整理的需要。

老年公寓套内的无障碍设计是适老设计的重点。

随园嘉树风雨连廊 © 吕恒中

除了常规的通道宽度、轮椅回转、安全扶手等，随园还使用条形地漏，使阳台、卫生间、淋浴间全平无高差。为配合轮椅使用者，厨房使用了橱柜下拉篮和转角拉篮，组织更高效、方便的台面下收纳。阳台栏杆位置的晾衣架也使长者无须站立即可使用。另外，直饮水的接入避免了长者烧水带来的不便和安全隐患。

年长者对热环境更敏感，为此随园在热环境设计方面比一般公寓更为细致。通过天井、开敞式外廊等元素，使居中的套房也有较好的通风效果。大间距、大面宽阳台及阳台玻璃栏板的设计使更多阳光进入室内。中央空调的新风系统可以有效改善空气质量。冬季采暖使用地暖系统，比空调风暖更加舒适均匀。还特别增加了卫生间暖气片和书桌下的暖足机，进一步提高房间的舒适度。

在其他细节上，如厨房高亮度操作灯、大按键智能电话、小夜灯等均能更好地为长者服务。此外，紧急呼叫装置和不活动通知为长者的安全增加了保障。针对不同生活习惯的长者家庭，随园提供了多元的产品选择：针对习惯合居分房的家庭，设计了一种小三房的房型，除了夫妇各自的卧室外，还另增一间小书房；针对同房不同床的家庭设计了双床卧室，减少长者间的相互干扰。

随园嘉树园区道路 © 吕恒中

随园嘉树大堂

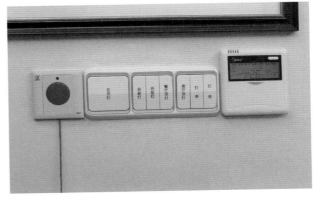

随园嘉树的适老化室内设施

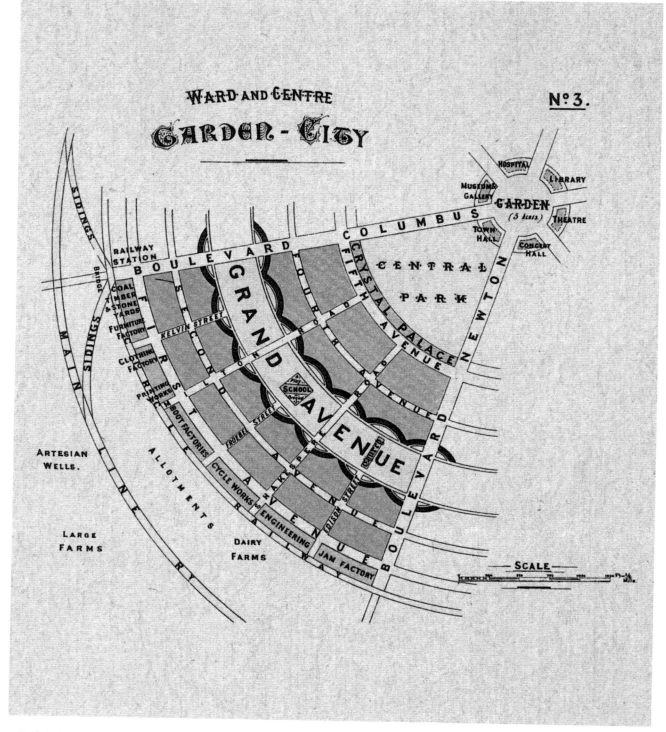

田园城市的边缘与中心示意图，来源：埃比尼泽·霍华德《明日：一条通往真正改革的和平道路》（1898）

06 建筑文化巡礼

在文化村的规划中，公共建筑是公共服务体系的一部分。这些非营利性的投入有助于增加社区认同，在一个新建社区中复兴传统文化，提升土地开发的附加价值，也体现了企业的社会责任。

建造地方：良渚文化村的公共建筑实践

自良渚文化村开发以来，开发商陆续策划并建成了不少高品质的公共建筑，使之不同于市郊大型住区的开发惯例，也显示了开发商的雄心。这些公共建筑包括陈列良渚文明考古发现的良渚博物院、良渚君澜度假酒店、玉鸟流苏文创街区、美丽洲堂、良渚文化艺术中心等，除此之外还有大量公园绿地与景观设施。这些公共建筑与设施由开发团队经过细致的前期调研，精心挑选国内外优秀设计团队设计并执行落实。项目建成之后反响良好，也在国际上斩获不少奖项，很大程度上提升了良渚文化村的

知名度和影响力，甚至吸引了大量慕名而来的游客。这些功能各异的建筑经过精心策划和运营投入，容纳了丰富多元的公共生活，为地方赋能，滋养了一种新的、具有示范意义的社区文化。

设计创造价值

建筑作为当代设计的集大成者、社会文化的综合表达，借助媒体平台的传播与引导，逐渐走出专业者的视野为社会大众所认知，建筑旅行也日渐成为一种新型消费模式吸引了设计师之外的群体。2000 年后，世界各地都不乏聘请知名建筑师设计富有视觉冲击力的地标建筑带来话题效应和观光收益，从而将新区开发或旧城更新作为城市品牌营销手段的案例。早年如西班牙港口小城毕尔巴鄂（Bilbao）通过引进弗兰克·格里（Frank Gehry）设计的造型奇特的博物馆成为人气旅游目的地，借一栋建筑激活了一座小镇的旅游产业；瑞士 Vitra 家具工厂聘用知名建筑师设计园区建筑，将产业园区策划为建筑

玉鸟流苏航拍

良渚君澜度假酒店

旅行目的地，从而助力其品牌传播与产品销售。

　　建筑的文化属性与其背后的巨大潜能吸引了开发商的注意。万科创始人王石曾经向良渚文化村的开发团队表示：良渚有这么好的条件，我们要多请一些优秀的设计师来做些"好玩"的东西，把良渚打造成"建筑巡礼"。[①]大多数地产项目囿于类型、范围和开发周期，很少有机会产生公共影响力，而良渚文化村的自然环境、文化底蕴、腹地面积与开发周期为公共建筑提供了良好条件，开发商希望通过优秀的设计提升项目的多样性和知名度。另一方面，开发商对公共设施的积极投入也能大大提升土地的附加价值和文化含量，为多元化的社区生活与产业经营创造基础，从长远来看能为土地开发带来

更为丰厚的回报。

良渚建筑实验

良渚博物院

　　良渚博物院是文化村开发中最早确定的项目，根据土地出让协议的约定，开发商需为当地代建一座博物馆。出于对良渚文明的浓厚兴趣与敬畏之情，开发团队相当重视博物馆的建设，先期遍访各地优秀案例，还前往北京请教时任建设部设计局局长张钦楠先生推荐建筑师人选。甫中标柏林博物馆岛上建筑设计的戴维·奇普菲尔德建筑师事务所就是在

① 2018 年 9 月 23 日在上海虹桥万科中心采访万科集团总规划师傅志强。

良渚博物院

那个时候被举荐的。与事务所直接联系了以后，知名建筑师戴维·奇普菲尔德亲自前来勘察基地，深受自然景观和良渚文明遗迹的感染，很快决定接受良渚博物院的设计邀请。"任何设计师，不管抱着什么样的企图心来，最后都真的是被这片土地本身打动。"①

戴维·奇普菲尔德建筑师事务所很重视在中国的这个项目，在设计中呈现了岛（渚）、玉文化、庭院等传统元素和现代建筑语汇的融合；开发商也投入大量精力与成本支持设计理念的完整表达。比如博物馆大门的设计拥有超常的尺度，以建筑施工单位的常规技术无法制作，最后请造船厂来合作完成；

材料方面也坚持全部采用建筑师指定的埃及进口石材。在最终实施的建筑中，外观、布局、接待大厅、庭院等公共区域都坚持遵照戴维·奇普菲尔德建筑师事务所原有的设计。

博物馆建成之后交给地方政府文物部门运营，建筑师和开发团队没有继续参与后续的策展和内装等工作。良渚博物院多媒体、情境化的展陈方式，在当时国内博物馆里是走在比较前列的。2018年，为配合良渚古文明申遗，良渚博物院的内部展陈进行了一轮升级改造，更完整地呈现了良渚古城的最新考古成果。

① 2018年8月22日在杭州黄龙万科中心采访杭州万科南都副总经理、总建筑师丁沈。

美丽洲堂

美丽洲堂

美丽洲堂源于 CIVITAS 做总体规划时对小镇整体形象的考量，至于具体如何操作，一开始并没有头绪。文化村的一位业主李捷（现在是美丽洲堂的长老）向开发商提议在良渚文化村捐建一座教堂，为教友提供活动场所。这个想法与开发商一拍即合，适逢周边村落有教堂关闭，美丽洲堂便以集中重建的名义通过了宗教事务局的批准。

教堂的选址、策划与概念设计由万科开发团队提出，原型来自日本轻井泽的一座木造教堂。万科聘请日本建筑师津岛晓生完善后续的建筑细节，景观设计师松尾刚志负责周边景观设计，总规划师傅志强担任了整个项目的监修。

美丽洲堂的设计表述简单，然而独特的材料与精湛的施工技术使之呈现了纯净而细节丰富的品质。为了实现对建造品质的精确控制，施工方面邀请了日本三大房屋制造商之一三泽国际（Misawa International）。三泽专攻木结构，在木材加工、零部件制造等领域是日本首屈一指的企业。教堂采用日本的集成材和工法，由日本工匠用一个星期时间完成装配，使用年限可达 200 年。集成材不仅展示了先进的技术，也传达了一种可持续发展的先进环境理念。

良渚文化艺术中心

良渚文化艺术中心的立项来自居住区规划的"千人指标"中规定的社区文化中心。美丽洲堂的顺

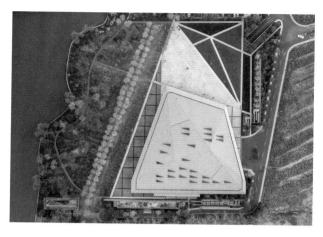

良渚文化艺术中心

利完成让团队感到振奋，当时万科在海外考察中与安藤忠雄建筑研究所有比较频繁的接触，于是决定集中资源，邀请安藤事务所将社区文化中心打造成一个更有影响力的作品。

对文化中心功能的初步设想由三个部分组成，一是教育培训，二是演艺会堂，三是展览展示，经营方面既可自用，也可租赁，为后续运营预留了可能性。安藤事务所的设计直截了当地回应了功能安排：三个矩形体量，被一片象征着家庭和社区的大屋顶所覆盖。标志性的几何形态景观回应了建筑形态，沿着河道种植的樱花林将每年的花季变成一场节庆，带来令人难忘的体验。

早在 1994 年，万科就开始大量与境外设计师合作，积累了丰富的合作经验。境外建筑师除了在设计水准上有相对优势，还有体现在设计中的跨文化视野。如良渚博物院对玉文化、传统庭院的理解和再现令人耳目一新；美丽洲堂作为中国少见的现代式教堂，开拓了大众对宗教建筑中现代技术、东方气质与社区属性的想象。

另一个不能忽视的因素是建筑师工作方法的差异。现代意义上的职业建筑师出现在中国的历史并不长，20 世纪 90 年代以来建设量的井喷和专业人才的稀缺造就了独特的适应机制。按照国内项目操作惯例，方案设计、施工图和现场监造经常由不同机构完成，万科设计管理部门也善用这一高效的生产制度推进绝大多数项目。[①] 而在不同国家的执业体系中，建筑师不仅是视觉形象的提出者（form giver），也是专业整合者（coordinator）和现场督造者（supervisor），从而使设计概念得以完整呈现，也就是有所谓"完成度"的制度保障。

在良渚文化艺术中心的方案设计中，安藤事务所的工作内容就已经整合性地提出了室内设计、家具陈设、灯光设计、景观设计、导视系统、雨水管布置等概念与要求，交代了每个细项的设计理念与控制要点，让后续发展有所依凭。大规模清水混凝土建筑对国内建筑施工与项目管理水准是一个挑战，施工阶段邀请了建造上海保利大剧院的团队，他们不仅学习了日本清水混凝土浇筑技术，还在现场搭建等比样板墙进行模拟；脱模后的瑕疵则聘请专业涂料公司菊水的技术人员协助修复。过程中体现了设计深度、专业分工与强大的整合能力。

海外建筑师在中国的实践屡见不鲜，不仅在形式语言、思维方式上开启了民众的视野，对建成品质的精确控制和工作机制在我国建筑师职业制度改革的背景下也具有参考价值。

---

① "在设计合同的执行过程中，万科对乙方设计师的策略是把项目进行拆分，取其所长，使他们各司其职。公共建筑请境外设计师做，他们在这方面比较擅长；住宅请国内优秀的设计院或海归建筑师进行设计，他们对规范等比较熟悉，也比较把握得住；施工图则交给当地设计院，他们具有地区优势。我们的原则是选择最合适的人做最合适的事。"参考文献：张海涛，傅志强. 为了完善，必须建立标准——与上海万科设计总监张海涛和建筑师傅志强的对话 [J]. 时代建筑，2005（3）：87-89.

为地方赋能

社区公共建筑的成功与否不仅取决于建筑师的设计水准和建造水准，更重要的因素是后续使用能否让建筑"活"起来，能否在吸引外部注意的同时持续地回馈社区。回归"初心"，对公共建筑的规划关键是否深入理解在地的需求，兼顾未来发展。"明星建筑"作为投资策略其实不乏失败案例，不能为当地赋能的建筑无法长久。

在文化村的规划中，教堂、佛寺、图书馆这些都是公共服务体系的一部分。开发商出资兴修美丽洲堂与大雄寺，交由民间团体维护管理，它们不仅是传统敬拜的场所，更是社区生活的纽带。这些非营利性的投入增进了社区认同，也体现了企业的社会责任。大雄寺每年分发腊八粥的活动吸引了大量志愿者和居民，在一个新建社区复兴了传统文化；美丽洲堂对社区的作用也超越了一般民众认知中的教会，其图书馆免费向公众开放，也经常举办公益讲座和课外教学，阐扬爱与教育。良渚文化艺术中心从社区图书馆发展为"大屋顶文化"，以"展、演、书"为核心探索文化产业的运营，并衍生出一系列自有文化品牌，如"大屋顶樱花季""大屋顶仲夏夜"等。2018 年与高晓松合作在良渚文化艺术中心开辟的杭州晓书馆，推广公益阅读，已成为全国知名文艺地标；南京晓书馆也已在 2019 年 11 月开馆。这些项目的成功运营不仅为地方赋能，加速一个新兴社区形成身份认同与情感联结，也逐渐成为无形资产向外辐射能量，提升了土地开发与企业文化的价值。

大屋顶仲夏夜

■ 附：作品 12

良渚博物院：良渚和玉文化的现代演绎

良渚博物院位于良渚文化村北部的美丽洲公园内，是一座收藏、研究、展示和宣传良渚文化的考古遗址博物馆。博物馆从 2003 年开始设计，2005 年 3 月破土动工，2008 年 10 月对外开放。

良渚文化距今约 5300 至 4300 年，院内共展出良渚文化时期玉器、石器、陶器和漆木器等各类珍贵文物 600 多件（组）。良渚博物院的常规展览主题是：良渚遗址是实证中华五千年文明史的圣地。良渚文明以玉为表征，玉琮、玉钺、玉璧等玉器蕴含着神权、军权、王权的高度一致的信仰与集权，是良渚文化的成熟文明与早期国家的实物见证。

2017 年 8 月，根据良渚遗址和良渚文化最新考古成果，良渚博物院基本陈列改造升级，于 2018 年 6 月重新对外开放。展览依托"水乡泽国""文明圣地""玉魂国魄"三个展厅，全面、立体、真实地展示了良渚遗址和良渚文化的考古成果、遗产价值，体现了良渚文明在中华文明"多元一体"历史发展进程中的重要地位和独特贡献。2019 年 7 月 6 日，在阿塞拜疆首都巴库召开的第 43 届世界遗产大会上，杭州的良渚古城遗址被列入《世界遗产名录》，这标志着中华五千年文明史的实证得到联合国教科文组织和国际主流学术界的广泛认可。

项目概况

项目类型	博物馆
设计 / 建成时间	2003 年 /2008 年
总建筑面积	9500 平方米
建筑设计单位	戴维·奇普菲尔德建筑师事务所
景观设计单位	柏林莱温·蒙西尼景观设计事务所
合作设计单位	浙江工业大学建筑设计研究院、浙江工业大学

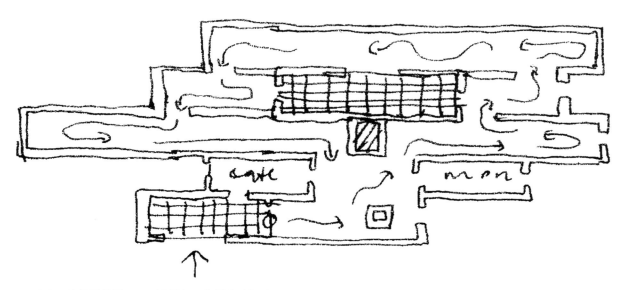

良渚博物院设计构思草图 © David Chipperfield Architects

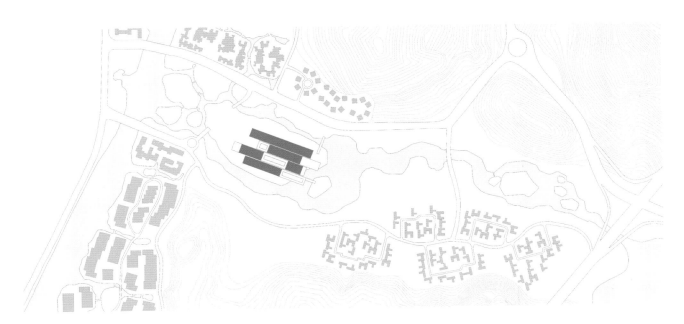

良渚博物院总平面图 © David Chipperfield Architects

良渚博物院的建筑坐落在湖泊上的一座小岛中央，通过步行桥与美丽洲公园相连，演绎了"良渚"地名的含义——美好的岛屿。来访者沿着公园进入博物馆场域，沿途可逐渐感受到建筑群的雕塑品质。

良渚博物院鸟瞰 © 吕恒中

良渚博物院主体由四个条形体量组成，宽 18 米，高度各异，立面采用伊朗石灰华石。每个条形体量内都包含一座庭院，这些虚空间经过精心的景观设计，连接着展厅与展厅，邀请人们在此逗留休憩。庭院景观主题取材自良渚文明中的玉琮、玉璧等玉器，经过抽象与放大，呈现耳目一新的效果。观展的体验是线性的，而庭院的存在为访客提供了差异化的丰富路径。

良渚博物院的庭院 © Chongfu Zhao

良渚博物院庭院 © Chongfu Zhao

良渚博物院的庭院与半户外空间 © Christian Richters

人们经过步行桥和庭院的空间序列抵达良渚博物院的入口，位于大厅中心的是一座重蚁木制作的接待台，被天光照亮。建筑师的材料理念是坚固和耐候，随着时间流逝也能保持一种良好的状态，重蚁木和石灰华石即具备这样的品质，这两种材料的运用也一路延续到博物馆的所有公共区域。

良渚博物院通高大门 © Chongfu Zhao

良渚博物院南面是一座岛屿，可作展览使用，由一座桥与主体建筑相连。场地四周种植着茂密的树林作为景观边界，屏蔽了公园与场地之间的视线，为博物馆增添神秘感和领域感。

水面上的良渚博物院 © Christian Richters

■ 附：作品 13

美丽洲堂：超越信仰的聚会场所

建筑及其构筑的场所拥有孕育、影响身在其中的人们活动的力量。建筑师希望把教堂打造成为公共的、有魅力的、人们可以轻松到访的场所；业主也希望通过教堂的建设激活并加深良渚文化村村民之间的联系。建筑的力量可以使它超越信仰，成为人们聚集的场所。设计师从"设计适合良渚这方土地的建筑"的角度出发，而业主则从"通过教堂的建设为社会做贡献"的角度出发，双方从一开始就达成一种共同的使命感。

设计的课题是如何把教堂这个极为西式的建筑形式转化为具有东方神韵的表达，并将它融入良渚的自然环境。大礼拜堂采用开放明亮的木结构大空间，摒弃了传统教堂内部空间比较昏暗的设计。不仅如此，还在讲台后面设置了巨大的采光面，以十字架取景，使大礼拜堂的空间与良渚的风景浑然一体。

木结构体系赋予了教堂能呼吸的生命，它随着时间的流逝慢慢变老，慢慢沉淀出岁月的香醇。现在，每次当人们走进教堂，杉木的清香都能沁人心脾，让人们感觉这就是大自然的恩赐。

教堂的辅助用房外墙采用清水混凝土外饰面，质朴的材料及色彩使建筑宛如从大地中生长起来的一般。施工阶段对清水混凝土施工流程及工艺都提出了极高的要求，建筑师要求外墙效果接近自然，同时与主礼拜堂协调，混凝土模板采用了天然杉木模板，最后拆模时墙面上保留着杉木的纹理及色彩，它与周围的景观和木结构礼拜堂柔声低语，仿佛述说着大自然古老的故事。

项目概况

项目类型	教堂、图书馆、社区公共活动空间
设计时间	2009年11月—2010年5月
施工时间	2010年5月—2010年12月
总用地面积	1 万平方米
总建筑面积	958 平方米
总设计师	傅志强
建筑 / 室内设计单位	日本津岛设计事务所
景观设计师单位	松尾刚志/PLAT DESIGN
施工图设计单位	原构国际设计顾问公司
木结构供应商	三泽国际

通往礼拜堂的无障碍坡道 © 西川公朗

位于三个体块中央的文化栋偏转了一定的角度，在体块的间隙空间中形成开放的外廊，使空间形态和建筑前静谧水庭间的关系变得丰富多样起来。屋檐下方的半户外空间作为建筑的延伸，还可以用于举办戏剧、音乐会和讲座等活动。设计充分利用了其所在的位置，通过与附近的河畔景观相结合，构成了可以让人们与自然亲密接触的环境。

建筑的外墙主要以清水混凝土建造，而大屋顶则以功能性和现代感为设计理念，采用镀锌铝制钢板，实现平整的构思。屋檐底部完成面为铝板，屋顶打开数十扇三角形的天窗，日光透过天窗倾泻而下，在不同时刻投射出不同的光影。

结合各个房间的功能配置，建筑师对三个建筑体量的内装完成面的设计进行了研究，为了达到从内部能够时常感受到外部自然的空间效果，内装完成面以白色墙体为主，透过落地窗映入室内的风景和自然光，能使空间的优点得到淋漓尽致的体现。

照明设计的主旨不是直接展现灯光，而是希望通过照明使空间的骨骼框架更加明快，从而凸显建筑物结构。到了晚上，设置于三个建筑体块和大屋顶间隙中的灯光照亮屋顶的底面，使整个大屋顶宛如悬浮一般，传达出作为地区标志的强烈且鲜明的个性。

大屋顶大台阶下举办艺术活动

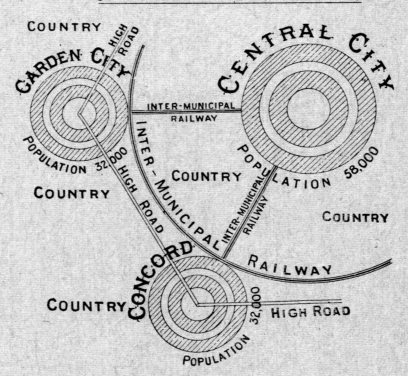

城市增长的正确原则，来源：埃比尼泽·霍华德《明日：一条通往真正改革的和平道路》（1898）

07

迈向区域城市

随着良渚文化村的建设临近尾声,开发者积极拓展"新良渚"概念与版图,与杭州城市发展结合得更紧密,也将良渚文化村的沉淀积累发扬光大。

时与空的背景

时

　　良渚古城遗址的发掘，良渚反山王陵的成组玉礼器和炭化稻谷的发现，实证了中华民族五千年的文明史。2019 年 7 月 6 日，在联合国教科文组织第 43 届世界遗产委员会会议上，良渚古城遗址被正式列入《世界文化遗产名录》，标志着良渚文明得到世界认可。世界遗产委员会认为，良渚古城遗址展现了一个存在于中国新石器时代晚期的以稻作农业为经济支撑，并存在社会分化和统一信仰体系的早期区域性国家形态，印证了长江流域对中华文明起源的杰出贡献；城址的格局与功能性分区，以及良渚文化和外城台地上的居住遗址分布特征，都高度体现了该遗产的突出普遍价值；复杂的外围水利工程和分等级同时期的墓地，以及一系列以象征其信仰体系的玉器为代表的出土文物也为其内涵及价值提供了有力佐证。这也是杭州这座城市继西湖、京杭大运河后的第三处世界文化遗产。

　　面向未来，浙江省的思路也十分明确。2019 年初，袁家军省长在政府工作报告里明确提出启动"未来社区"建设，省政府正式印发了《浙江省未来社区建设试点工作方案》。"未来社区"是以邻里、教育、健康、创业、建筑、交通、低碳、服务和治理九大场景为底盘，以人本化、生态化、数字化为价值导向，以和睦共治、绿色集约、智慧共享为基本内涵，突出高品质生活主轴，构建的一个归属感、舒适感和未来感的新型城市功能单元，可促进人的全面发展和社会全面进步。而纵观良渚文化村的发展历史和脉络，其中已依稀闪现出九大场景的影子。可以说，未来社区，正在良渚文化村逐步成形。

空

　　对于杭州城市整体发展而言，良渚组团作为杭州六大组团之一，承担着"城北副中心"的功能使命，其对接杭湖区域发展轴，定位为集聚发展文创等新兴业态，拓展创新型经济发展的腹地，将构建城北文化大走廊。良渚组团亦是余杭区"一副三组团"城市功能新格局的重要组成部分。2018 年，余杭区生产总值为 2312.45 亿元，同比增长 11.2%，增

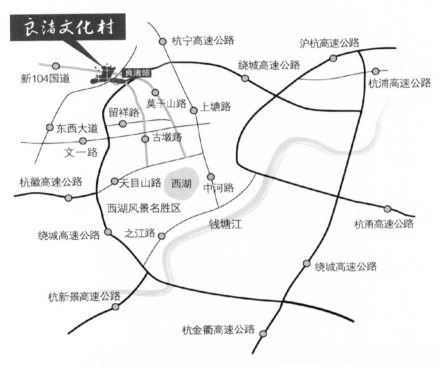

良渚文化村区位图

速位居杭州市首位。

而在这片具有深厚历史文化底蕴的土地上，杭州北部副中心的核心引擎——良渚新城正在崛起。良渚新城地处杭州城北、余杭中部，东依京杭大运河，南接拱墅区，西接西湖区，北邻湖州，是杭州北部的交通枢纽，区域面积为110.2平方公里。其强调产城人文融合发展，是余杭区五大产业平台之一，也是余杭融入杭州主城区的前沿阵地。

同时，这座城市正在为亚运会的到来做着准备，首要目标是交通能级的全面提升。轨道交通正在如火如荼地建设中，2017年12月，杭州地铁2号线开通运营，从良渚到市中心仅需40分钟，大大缩短了良渚与主城区的距离。即将开始建设的4号线二期（彭埠站—紫金港站）、10号线（浙大站—新兴路站）都会深入良渚新城，整个良渚新城有超过10个地铁站点。公路方面，良渚新城内有两个高速公路出入口，位于上海2小时黄金经济圈内。在良渚新城西侧，东西大道、良睦路直接连通杭州科技创新腹地——未来科技城。这里还有东苕溪、京杭大运河穿行而过，串联起京杭大运河跟良渚文化遗址两个世界文化遗产。良渚新城的东西南北，形成了地铁、公路、水路完善的立体交通体系，这些交通体系正如血管一样，为新城的崛起提供养分。

随着城市与区域建设战略的全面升级，良渚文化村也面临着新的挑战与机遇。过去近20年，良渚文化村沿着大雄山麓，徐徐伸展，南北合拢，画下"一撇"；面向未来，带着时空的新图景，良渚将向东而生，画下"一捺"。

面向未来的良渚文化村

再一次，良渚文化村站在了历史与未来的交界处，化为田园与城市的融合体。

历经近 20 年发展的良渚文化村，已然初步形成了旅游、文创、养老、教育等产业基础，并在万科集团"城乡建设与生活服务商"战略的实践指导下，实现了产业与人居融合，文化迭代升级。伴随着良渚文化村土地陆续开发，开发者正积极拓展"新良渚"概念与版图。

从上空俯瞰良渚文化村"一撇一捺"的新生图景，"一撇"描绘着"国际人居场景"，以开创美好、开放、自由生活新模式的大溪谷和首创 24 小时商业模式的劝学荟 Qsquare 两大项目为代表，注解着大型国际社区的焕新之道；"一捺"描绘出文化村的"文创产业场景"——在人字形一捺的顶端，是万科在地铁口上盖的综合体开发项目"未来之光"，其中一栋 150 米高的地标性塔楼包含了人文艺术酒店、"光剧场"等综合业态；"一撇一捺"的交点是由安藤忠雄操刀的文化艺术中心，与未来之光的光剧场、中国美院良渚校区呼应联动。

事实上，作为开发运营者的万科，早已开始预埋关于良渚未来的实践，形成了若干介于开发建设和运营管理之间的社区运营团队。这些团队经过多年的发展，也都有了自己业务上的延伸，比如产城团队在积累了玉鸟流苏创意产业园运营经验之后参与了"未来之光"的运营工作；从良渚文化村起步的社区商业团队开始孵化更多项目；最早只有一两位同事的《万科家书》团队成长为大屋顶文化，运营着良渚文化艺术中心；安吉路良渚实验学校和社区营地合作孵化了杭州万科教育团队。当万科集团提出成为"城乡建设与生活服务商"的转型目标时，相关业务板块和运营能力都能在文化村的发展脉络里找到对应的团队。

在宏观的政策与经济形势的演变之下，传统地产开发模式的利润空间不断压缩，开发商不得不寻求更可持续的运营模式。以往住宅销售完成就意味着项目结束，但是现在万科希望，文化村即使销售完成，仍然能有一个稳定的产出。这意味着企业需要在文化旅游、社区商业、产业办公、养老、教育等各个产业支线上都有持续的资源与盈利，从而让社区维持一种充满生机的良性运转状态。良渚文化

经验与反思

良渚文化村是政企合作的大型土地开发案例，其过程充分体现了政企合作的优势——在市场机制下，政府借力企业完成十数年的开发及运营，企业在赢利导向下，以较强执行效率和运营能力高实现度地拟合目标。在一片 5000 亩的用地之上，万科"一张蓝图绘到底"，实现了高质量的规划和高品质的基础设施建设，并在社区经营的过程中适时调整策略，引进服务设施与产业，打造宜居宜业宜游的特色小镇，成为全国学习和效仿的标杆之一。其发展过程有颇多可借鉴之处。

从规模上来说，良渚文化村一次性出让 5000 亩土地是难得的机遇，是政府一次极具决心和魄力的尝试，也为开发商带来空前的挑战。眼下主流的土地出让模式是地方政府会同规划机构完成先期规划之后，再由多个开发主体竞标小幅地块，规模多为 200 ~ 300 亩。相比 20 年前的"偶然"与"尝试"，现行制度看似更为精细、公正，在制度上确保开发主体的多样性；但与此同时，这样也对国土资源规划阶段的视野、立场与专业性提出更高的要求——因为在现实条件下，土地开发中投机与逐利的一面被放大了，往往表现为片面追求短期利益和开发的同质化。

与其说是万科选择了良渚文化村，不如说是良渚文化村选择了万科。5000 亩土地，对开发商来说意味着大量的资金占压；此外，良渚文化村对非即售业务进行了大量投入，类似决策的执行难度也很大，这对开发商而言是极大的挑战。同时，作为开发者，需要具备文化敏感度和文化意识，深入探究本土地方文化，从而形成正确的定位与理念，将规划落实到生活、生态、生产中。"'情怀'需要落地，要变成产业，变成税收，这并不容易。"[①] 企业在事物发展的各个阶段都会面临选择长期价值还是短期价值的问题。如果急功近利，收获一定是短期的；但是只看重长远不看重眼前，又很可能无以为继。挑战在于整体环境与机制是否支持长效愿景。对于大多数开发商来说，"算账"逻辑是重点，而作为开

---

① 2018 年 8 月 24 日，根元咨询为杭州万科良渚文化村品牌传播策略项目在黄龙万科中心采访陈军。

发者，在良渚文化村显而易见的长期不赢利局面下，还要持续投入以服务于长效愿景，能力与情怀缺一不可。这些都是良渚文化村再难完全复制的原因。

此外，良渚文化村开发之初，由于缺乏生活配套，无法吸引大量居民，达不到理想的开发密度；反过来，没有足够的人口密度也无法支撑公共服务的运转。这在大型住区开发中是一个颇为普遍的现象，地方政府对公共服务设施的投入跟不上城市扩张的节奏，是人口的导入速度和基建建设和投入速度不匹配所致。在这个背景下，万科先行斥资打造生活服务配套设施（食街、菜场、医院、幼儿园、中小学校等）的举措成为良渚文化村发展中的重要转折点。此举在开发者的角度具有积极意义：一方面它是着眼于社区长期发展的必要前期投入，另一方面也是企业顺应时势拓展经营范围的探索。作为开发商，如此不遗余力地投入基础建设，不仅是因为情怀，也是一次长期策略的成功。

开发建设，配套完善，人口导入，良渚文化村渐入佳境。随着时间推移，社会治理模式也需要创新。对于大量封闭式管理的商品房住区，如何克服空间与心理上的人情冷漠，在社区互动过程中产生归属感、认同感，是良渚文化村在 2000 年时就已在思考并尝试解决的问题，这也出现在了浙江省倡导的"未来社区"理念之中。在前期环境设计中，开发商为公共生活提供了充足条件，如公园、教堂和其他具有活动可能性的开放空间。良渚文化村因势利导，以制定《村民公约》为起点，发展出志愿者组织与民间社团，鼓励和主导社区积极分子开设丰富多彩的社区活动。在每一年的"村民日"，各个团体都会兴致勃勃地出节目、做花车……在良渚文化村定居的人们仿佛治愈了利己、冷漠的"城市病"或"时代病"，唤醒了一种向善、向美的凝聚力，邻里间互帮互助、和谐共处，或许这就是社区营造的

意义。到今天，住在这里的人们已经开始有意识、自觉、有体系地主导自己的生活，这片土地正在以可持续的内生力良性循环、持续成长。我们看到在短短 10 年间，富有特色的社区文化，乃至社区自治意识的萌芽在良渚文化村逐渐成形，这在新建大型住区中并不多见，这也是良渚文化村的社区经验值得研究和推广的重要原因所在。

这些都是在良渚文化村中可借鉴的意义，但我们同时可以发现，这种大型土地与社区的开发模式也曾经或者正在面临着一些困局。

良渚文化村是万科集团里一个带有理想主义色彩的项目。一般开发商往往在房源售罄、交付后就全身而退，由物业接管小区运营。而万科却在良渚文化村持续地"投入"。建设中，开发商在文化村的大量配套中投入的资金成本，以及整个文化村大环境和公共建设（绿化、道路等）的维护花费，远远超过物业费所得。这些支出并非小数，且未移交政府管辖，全部由开发商承担，只能通过后续开发项目的盈利作为账目上的补充与平衡。可以想象，当城市扩张及爆发性开发热潮退去之后，建设速度放缓，社区维护与设施更新会成为新的问题。小区物业费只能维持社区内的安保和清洁，无法维持其他基础设施乃至山林景观的相关支出。在房地产行业迅速发展、土地未完全开发的时候，问题没有浮出水面，但是房地产开发的利润率在逐年降低，原先的土地日益消耗殆尽，这个模式就无法延续了。外界看良渚，往往只看到环境和设计之美，但是其背后的可持续机制恐怕更值得关注。

同时，随着良渚文化村土地的陆续开发，社区规模扩张，人口结构趋向多样化，当地居民的需求并不满足于开发商能够承担的经营性业务及基础配套。万科设立的良渚文化村的养老机构（随园嘉树）、学校（民办安吉路良渚实验学校及若干民营幼儿园）

及玉鸟流苏创意产业园等都比较符合当时的开发规模及早期客户的社会阶层、消费水平与生活习惯，但社区仅有的服务配套相比人口的增量是杯水车薪，居民对公立教育、医疗等社会服务的呼声与日俱增。目前，政府已在逐渐补充公交、地铁等交通配套，也有更多教育、医疗规划逐渐成形。因出让的土地由开发商长期主导，其公共建设能力中必然有短板，而政府在当前时点重新介入和辅助社区搭建和完善生活环境，民生基础设施与社会公共服务已然呈现出矛盾。因此，政府与开发商在大型土地开发中，如何分配和扮演好各自的角色，在为居民提供服务时达到无缝衔接，也值得社会各方反思和辩论。

良渚文化村的先天条件、文化基因不可复制，但是开发过程中的政府和企业的文化意识、管理经验与社区文化可以复制。土地是政府与开发商之间的桥梁，如何搭好这座桥，不辜负土地价值，良渚文化村提供了一种可能性，或许会有更多的可能、更多创新模式的诞生，让我们拭目以待。

良渚文化村大事记

（2000—2019）

2000

10 月 27 日，在杭州市首届西湖博览会上，南都房产集团正式和余杭市人民政府签订了良渚文化村项目合作开发协议书，20 余家中外著名团队参与规划、设计，整体规划历时 4 年

11 月 13 日，杭州良渚文化村开发有限公司设立

2001

2 月 21 日，杭州市九届人民代表大会第六次会议上的政府工作报告将本项目列为旅游精品建设项目

12 月 29 日，良渚组团被列为杭州市城市建设十大工程之一，良渚文化村项目为主体项目之一

2002

2 月 8 日，委托加拿大 CIVITAS 城市规划设计事务所编制《中国良渚文化村总体概念性方案》

9 月 20 日，英国著名建筑师戴维·奇普菲尔德来杭州研究建筑设计

10 月 18 日，良渚文化村正式动工

2003

3 月 5 日，万科良渚文化村被列入杭州市旅游西进第二批重点项目

3 月 30 日，良渚文化村内首个住宅项目"白鹭郡北"一期工程正式开工

2004

10 月 22 日，"白鹭郡北"组团面市，良渚文化村首次向市场推出住宅销售

2006

2 月 21 日，"竹径茶语"组团面市

12 月，"白鹭郡北"全面交付，文化村迎来第一批入住业主

2007

8 月 13 日，"白鹭郡东"组团面市

9月20日，"阳光天际"组团面市

2008

3月28日，良渚文化村首个大型配套设施——良渚君澜度假酒店开业

5月18日，"白鹭郡南"组团面市

9月，良渚博物院正式对外开放，获时任国家主席江泽民题词，并获《商业周刊》和《建筑实录》评选的"最佳公共建筑"大奖

10月3日，玉鸟流苏创意街区一期落成开放，获邀参加威尼斯国际双年展、香港建筑双年展等重要国际重要展览

10月24日，由良渚文化村村民撰写的村志碑落成，为《村民公约》的前身

2009

5月1日，良渚文化村"第一弯"落成

9月，玉鸟幼儿园开学，为浙江师范大学杭州幼儿师范学院的实验基地

12月，浙江大学第一附属医院良渚门诊部开业，营建"全面数字化健康服务示范社区"

2010

5月，良渚君澜度假酒店被授牌五星，现已发展成为华东地区明星亲子度假型酒店

5月，知味观·味轩开业，为良渚文化村首家品牌餐饮商户

8月9日，良渚食街开街、村民食堂开业，承诺食品安全，使用放心油。从此大饼、油条、豆浆等传统早点和家常饭菜开始成为村民的日常饮食，并成为杭州万科社区配套发展的里程碑

8月，社区内循环公交线491A开通，这也是全国首条社区内公交环线巴士

9月，九年一贯制学校杭州安吉路良渚实验学校（民办）开学

9月，古墩路延伸段开通，实现了良渚文化村与市中心的快速连接

12月，良渚文化村"村民卡"正式投入使用，"村急送"开始运营

12月23日，万科高端会所自主品牌"公望会所"落成开业

12月27日，美丽洲堂落成

2011

1月，良渚文化村村民自助自行车系统投入使用

2 月 27 日，《村民公约》诞生，成为良渚文化村村民们的行为守则，这也是全国首个大型社区业主自律互助公约

5 月，菜场玉鸟菜场正式营业，这是全国首个带水井空调的社区花园式菜市场

5 月，小镇出租车正式运营

11 月，亲子农庄正式开放

2012 ·········· 2 月，《村民公约》发布一周年展举办，村民们共同回顾一年来执行 26 条公约的进步与不足

5 月，杭州快速公交 B 支 8 专线开通，小镇交通体系再升级

6 月，古道书院正式开学，为村民们提供国学课程

7 月 14 日，郡西别墅面市

7 月，7 个小镇驿站建成，居民可以在这里搭车进城

9 月，杭州万科首次提出"三好"（好房子，好社区，好邻居）主张，良渚文化村是"三好"发源地

10 月 28 日，南区七贤郡面市

12 月，垃圾分类推广中心正式开放参观

2013 ·········· 3 月，"村民学堂"正式开班

5 月，随园嘉树老年公寓面市，开启中国社区邻里式养老新模式

5 月 13 日，日本建筑家安藤忠雄设计的良渚文化艺术中心开工

5 月 27 日，春漫里新街坊商业街开街

6 月 1 日，江南驿餐厅正式营业

7 月 16 日，全国首个社区 App "万科新街坊"正式推广上线

9 月 2 日，竞得良渚新城地块（未来城一期），杭州万科开启良渚"人"字发展战略

2014

1 月，大雄寺扩建后重新开放

2 月 17 日，江南驿国际青年旅舍正式营业

5 月 19 日，良渚矿坑公园落成，成为良渚文化村内继白鹭湾公园、白鹭公园、茶语公园、美丽洲公园、滨河公园后的第六大特色主题公园

6 月 26 日，随园长者服务培训学院、随园树兰护理院成立

7 月 30 日，万科·未来城面市，这是万科首个以移动互联网思维为指导的项目

9 月 28 日，"村民书房"开张，这是社区文化建设的重要配套

10 月 1 日，彻天彻地童玩中心对外开放

年底，良渚文化艺术中心竣工

2015

3 月 22 日，《村民公约》发布四周年活动升级为首届良渚文化村"村民日"庆典，由居民众筹自主策划，吸引 3000 多人次参加

5 月 1 日，以良渚文化村村民食堂为原型及主题的"万科馆"亮相米兰世博会

5 月 27 日，良渚文化村与意大利米兰的波利亚诺（Pogliano）结为友好小镇

6 月 14 日，来自英国的 JTP 带领良渚文化村村民举办名为"亲手参与良渚愿景规划"的社区参与式规划讨论会

7 月，良渚事业部南迁

8 月 30 日，万科首个老年康复护理中心随园护理院开业

11 月 27 日，良渚文化村第一个业委会白鹭郡南业主委员会正式成立

11 月 30 日，"郡西澜山"面世

2016

3 月，良渚文化村业主众筹举办"村民日"庆典

3 月 12 日，南区自行车慢行道开通

3 月 21 日，杭州安吉路良渚实验学校（民办）二期开工奠基，计划扩增 18 个班

4 月，地铁 2 号线良渚站开工

4 月，杭州万科教育集团成立，良渚文化村成为杭州万科"城市配套服务商"战略实践的重要基地，学校、万科学习中心、社区营地等教育产业大步发展

4 月 15 日，白鹭郡北业主委员会正式成立，社区自治共管再进一步

4 月 30 日，连接文化村与城际高速间的重要通道——莫干山路延伸段（原 104 国道）全面整修后开通

6 月 5 日，良渚文化艺术中心正式开馆，同时举办世界自然银幕影像大展

6 月 26 日，登山游步道实现了从竹径茶语经大雄寺到竹径云山的全线贯通，并通过 1 公里社区慢跑道串联了茶语公园、登山游步道和矿坑公园

9 月 5 日，良渚博物院—良渚文化村接待 G20 国际媒体友人参观访问，作为峰会 8 条参观线路中唯一的社区文化体验线路，展示当代中国和谐、丰富、多样化的社区文化

11 月 21 日，杭州万科获得位于良渚新城的地铁口商业商务综合体"未来之光"项目

2017

1 月 13 日，举办首届"大屋顶"艺术节

3 月 18 日，举办"大屋顶樱花季"活动，包含樱花市集、艺术大展、名家讲座、跨界演出、博物沙龙、夜樱亮灯观赏等 20 余项文艺活动

5 月 20 日，劝学里开盘

7 月 15 日，良渚文化艺术中心与浙江昆剧团达成战略合作，国家艺术基金资助项目"幽兰讲堂"落地大屋顶剧场，推广传统戏剧文化

7 月 28 日，随园护理院被正式列为省医保定点医院

10 月 22 日，同心圆志愿者联动新街坊共同开展良渚文化村业主公益集市，为弱势人群实现愿望的"微光计划"正式启动

12 月 28 日，随园跨年联欢会于良渚文化艺术中心举办

12 月至次年 2 月，大屋顶上演"冬之旅"活动，举办动态影像展、北回归线 2017 良渚诗会、TEDx 孤山 2018 跨年大会等系列活动

2018

2 月 4 日，良渚文化村年终盛会"村晚"在良渚文化艺术中心上演

3 月 22 日，晓书馆在良渚文化艺术中心内正式开馆，由著名音乐人、导演、作家高晓松发起并担任馆长，推广公益阅读

3 月 24 日，第四届良渚文化村"村民日"顺利举办，逾 2000 人参与

3 月 30 日，万科携手阿里云事业群成立"智慧空间数字化研究院"，推动良渚万科中心智慧化产业园落地

3 月 31 日，良渚文化艺术中心"樱花季"活动启幕，打造杭州文化旅游新地标

6 月 25 日，良渚博物院焕新开馆，大屋顶文化作为"博物馆周"系列活动协办方，组织了文创讲座、集市和论坛等活动

9 月 6 日，良渚君澜度假酒店承接"第四届文化遗产世界大会（良渚分会场）"接待工作，服务良渚古城申遗

9 月 7 日，大屋顶文化联合杭州当代戏剧节、晓书馆举办"仲夏夜之梦"活动

10 月 2—4 日，万科假日营地良渚园区举办"文明的起源——良渚历史营"

11 月 14 日，良渚君澜度假酒店举办"良渚遗址价值对比研究之东周时期玉器玉文化"学术研讨会

12 月 31 日，"良渚 2019，点亮文明之光"跨年晚会在未来之光五千广场举行

2019

1—5 月，良渚万科中心 HALO TALK 数字文创产业平台在未来之光举办 4 场沙龙，累计吸引国内外 60 余家企业、300 位嘉宾参与

1 月 19 日，2019 年良渚文化村"村晚"在良渚文化艺术中心大屋顶剧场举办

3 月，假日营地举办"Ｖ少年行动走进身边的文化遗址"公益小导游活动、"良渚发现之寻找神王国度"一日营等活动

3 月 22 日，2019 大屋顶"樱花季"活动启幕，此次活动联动杭城内外文艺机构举办了几十场文艺活动，吸引了各界媒体主动报道，夯实了良渚作为杭州城市文化名片的地位

6 月 15 日，"小冰，'绘'有期"微软小冰 @ 当代艺术跨界展在良渚文化艺术中心开幕

7月，良渚古城遗址申遗成功，公益阅读空间"莫角书院"于良渚古城遗址公园亮相，"一小铲和五千年——良渚考古大事记文献展"在书院开幕

9月11—14日，第三届"大屋顶仲夏夜"系列活动在良渚文化艺术中心举行，上演杭州国际戏剧节开幕大戏——孟京辉团队的浸没式戏剧《金色甲壳虫》

9月26日，第二届随园长者专属生活节——"随园久久节"举办

9月28日，莫角书院正式开馆

10月17—24日，首届国家考古遗址公园文化艺术周、首届良渚文化艺术周召开

10月18日，劝学荟 Qsquare 正式启幕亮相良渚文化村

10月20日，同心圆公益开展彩虹益市秋收季

12月29日，良渚文明探索营地正式开营

本书编委会

策　　划：万科企业股份有限公司

编　　著：万科企业股份有限公司、《时代建筑》杂志

主　　编：支文军、徐洁

编辑团队：陆娜、张炎、凌琳、王梦佳

特约摄影：吕恒中

感谢为本书提供资料与协助的机构及个人（以姓氏拼音首字母排序）：

陈军，丁泷，方海锋，付志强，李嵬，刘肖，孙施文，童明，完颖，吴瑞香，张海，周俊庭，CIVITAS Urban Design and Planning Inc.，Joseph C.V. Hruda，Mona Han，David Chipperfield Architects，Xu Liping，安藤忠雄建筑研究所，AAI 国际建筑师事务所，非常建筑，gad 杰地设计集团有限公司，Office MA，上海中房建筑设计有限公司，张唐景观，浙江大学建筑设计研究院有限公司。